石化企业消防安全丛书

危险化学品消防救援与处置

杨　健　主编

中国石化出版社

内 容 提 要

本书针对石化行业较为广泛存在的有毒有害危险品，如硫化氢、氨气、烃类气体等共计34种，逐个进行了泄漏救援处置程序描述。涉及每种物质的性质及事故特点、接警调度情况、现场力量调集情况和现场处置情况，内容贴切实际，实用性强。

本书主要供从事消防工作的一线指挥员、执勤战斗员学习，也可为消防指战员在处置危险化学品事故中提供参考，同时可供从事消防工作的管理人员和技术人员参考。

图书在版编目（CIP）数据

危险化学品消防救援与处置 / 杨健主编 .—北京：中国石化出版社，2010（2019.6重印）
（石化企业消防安全丛书）
ISBN 978-7-5114-0252-3

Ⅰ.①危… Ⅱ.①杨… Ⅲ.①石油化工-化工产品-危险物品管理-消防 Ⅳ.①TE687

中国版本图书馆CIP数据核字（2010）第010994号

中国石化出版社出版发行
地址：北京市朝阳区吉市口路9号
邮编：100020 电话：(010)59964500
发行部电话：(010)59964526
http://www.sinopec-press.com
E-mail:press@sinopec.com
北京科信印刷有限公司印刷
全国各地新华书店经销

*

850×1168毫米32开本8印张191千字
2019年6月第1版第4次印刷
定价：25.00元

《石化企业消防安全丛书》

编 委 会

序

随着石化企业发展规模的逐年加大，石化消防队伍的建设不断得到强化，在新装备、高科技消防装备的投入上达到了新的高峰，从根本上改善了石化消防队伍灭火取胜的基础条件，增强了消防队伍整体灭火救援作战实力，提高了扑救石化行业初期火灾的能力。2009年新《消防法》的颁布实施，为石化消防队伍注入了新活力和动力，标志着消防工作法制化建设日趋正规，消防监督和灭火救援工作有法可依、有章可循，为加强石化消防队伍建设，推进消防训练改革，强化消防队伍训练教育的发展奠定了坚实的基础。

石化行业在日新月异地发展壮大，新科技、新工艺、新材料、新设备不断增加，火灾的危险因素也在不断增加，一旦发生火灾或化工行业化学危险品泄漏扩散，其危害程度非常强烈，火灾扑救和灾害处置十分艰难。消防队伍责任重大，任务艰巨。因此必须强化防范，优化石化消防队伍官兵素质，增强队伍灭火救灾的实战能力，以适应新时期石化消防保卫任务的需要。

做好石化消防工作，首先要坚持依法治火，要进一步围绕和落实《消防法》，加大消防监督管理力度，增强石化行业消防法制意识，使各级领导和石化职工都能自觉遵守消防法规。其次，石化企业消防机构在加强消防执法的同时，要不断完善内部制约机制，强化消防监督职能，坚持科技治火。面临现代火灾新特点，必须走科技强警之路，强化科技防火与科技治火。除了配备先进、高效的消防车辆装备和个人防护器材外，要继续狠抓消防队伍科技练兵活动，注重智能培训，使高素质的官兵和现代化的装备达到最佳程度，形成战斗力，把石化消防队伍建成攻必克、战必胜的强盛之师、威武之师。

鉴于此，天津石化消防支队结合现今石化行业的特点，在总结以往工作经验的基础上编写了该套《石化企业消防安全丛书》。希望该丛书会成为石化消防官兵学习和借鉴的教育图书。相信，该丛书的出版会激起广大消防官兵的学习热情；对广大消防官兵研究预防火灾和扑救灭火理论、研究练兵之道，使消防队伍的训练技能和作战水平提高到一个新的层次起到推动作用。

中国石油化工股份有限公司

天津分公司副总经理

前　言

危险化学品具有易燃易爆、有毒、腐蚀性等特点，在其生产、经营、储存、运输的过程中，如果管理不当很容易引发事故，造成人员伤亡和重大的环境污染。危险化学品事故往往具有突发性、群体性、快速性和致命性的特点，如处置不当将会造成重大损失。

随着石化企业规模的不断壮大与发展，原油加工量越来越大，部分高含硫、低品质的原油加工比例也越来越高，由此产生的危险化学品也相应增加，对生产装置正常运行构成一定的威胁。在事故的应急救援过程中，由于消防队员首当其冲，因此，消防队员能迅速了解和掌握危险化学品的危险特征，及时、正确、有效地控制灾害的发生或控制其继续发展，有着至关重要的作用。鉴于此，我们参照公安消防部下发的《消防部队抢险救援常见灾害事故处置规程》，结合石化企业生产的特殊性，编写了《危险化学品消防救援与处置》一书，该书包括了现今石化企业较为广泛存在的有毒有害危险品共计 34 种。希望本书能为消防指战员在处置危险化学品事故中提供参考。

目　录

1 液化石油气事故救援与处置

液化石油气(压凝汽油)主要成分为丙烷、丙烯、丁烷、丁烯等。主要用途是作为石油化工原料,也可用作燃料。在生产、储存、运输、经营、使用过程中易发生泄漏和爆炸燃烧事故。

1.1 液化石油气危害性概述

(1) 危险性类别:第2.1类,易燃气体。

(2) 危险性综述:本品易燃,具麻醉性,对环境有危害,对水体、土壤和大气可造成污染。液化石油气容器的设计压力通常为1.77MPa。从液态转变为气态时,体积扩大250~300倍,闪点为-74℃,爆炸极限为1.5%~10%;极易燃,与空气混合能形成爆炸性混合物。遇热源和明火有燃烧爆炸的危险。与氟、氯等接触会发生剧烈的化学反应。其蒸气比空气重,能在较低处扩散到相当远的地方,遇火源会着火回燃。

(3) 侵入途径:吸入。

(4) 健康危害:本品有麻醉作用。急性中毒:有头晕、头痛、兴奋或嗜睡、恶心、呕吐、脉缓等;重症者可突然倒下,尿失禁,意识丧失,甚至呼吸停止。可致皮肤冻伤。慢性影响:长期接触低浓度者,可出现头痛、头晕、睡眠不佳、易疲劳、情绪不稳以及植物神经功能紊乱等。

(5) 外观与性状:无色气体或黄棕色油状液体,有特殊臭味。

1.2 事故特点

(1) 扩散迅速,危害范围大。液化石油气一般以喷射状泄漏，由液相变为气相，体积迅速扩大，形成大面积危险区。

（2）易发生爆炸燃烧，爆炸下限极低，泄漏后极易与空气形成爆炸混合物，遇火源发生爆炸或燃烧。

（3）燃烧猛烈，爆炸速度快，燃烧温度可达 1800℃，爆炸速度可达 2000~3000m/s。

（4）处置要求高，难度大，发生泄漏的部位及压力等因素各不相同，造成各种危险因素多。

1.3 接警调度

（1）消防支(中)队 119 指挥中心接到液化石油气泄漏报警时，重点要询问泄漏容器、地点、时间、部位、强度和范围，是否有人员伤亡和被困。

（2）随时做好与报警单位和报警人员保持联系，充分掌握事态发展变化状况，加强与赶赴现场的责任队指挥员、支(中)队指挥员的沟通与汇报。

（3）指挥中心接警后在调派责任队的同时立即向支(中)队值班领导汇报情况，根据支队值班领导的命令调集增援力量，并向所属公司总调度汇报情况。

1.4 现场力量调集

（1）责任消防中队接到报警或指挥中心指令后，按照管辖区域迅即出动，指挥员要进一步与 119 接警部门了解现场情况，同时观察当日风向，必须选择上风方向接近现场。

（2）车辆装备的调集主要是支队现有的抢险救援车、气防车、泡沫车、干粉车为主。

（3）消防支(中)队 119 指挥中心在做好力量调集的同时，迅速向公司总调度汇报情况，由公司调集生产、安环、设备、动力部等相关单位到场协助处置。

1.5 现场处置

1.5.1 侦察检测

（1）责任队到场后首先要将本队车辆置于上风或侧上风方向，指挥员要视现场初步情况，保持本队与事故地点不小于50~100m 的距离。

（2）责任队指挥员要立即与现场的岗位职工、技术人员询问了解情况，根据当日风向、风力，掌握泄漏区域气体浓度和扩散的方向。

（3）查明被困、遇险人员数量、位置，制定好营救路线，组织抢险组做好个人防护工作，深入现场抢救被困遇险人员。

（4）掌握泄漏部位周边毗邻情况，如储罐区则要进一步了解储罐数量、泄漏储罐储存量及邻近罐储量、管线和罐区的总储量。

（5）充分利用现场的消防水源，如果车辆无法接近现场或距现场距离过远，指挥员可以部署战斗力量就近使用消火栓直接供水，出水枪、自动炮或移动炮控制泄漏区域。

1.5.2 疏散与警戒

（1）在事故单位前期疏散人员情况的基础上，进一步强制滞留人员远离现场，在泄漏区域及扩散可能涉及范围内除救援人员外，其他人员一律强制疏散到区域之外。

（2）气防站指挥员要立即开展对泄漏区域的检测工作，根据检测的结果，在事故单位原有警戒线的位置，以泄漏浓度值为爆炸下限的20%为标准确定警戒范围。以检测结果划分重危区、轻危区、安全区，引导公司负责警戒部门扩大警戒范围，合理设置出入口，严格控制进入警戒区特别是重危区的人员、车辆、物资。

（3）根据有关专业部门检测情况，随时调整消防力量部署以及警戒位置。

1.5.3 禁绝火源

事故区域各种使用的电源、火源、高热设备要全部切断，停止使用，落实防静电措施；凡是进入现场人员一律不得使用移动电话，非防爆通信设备、照明设备。各级指挥员首先要对进入现场的战斗人员进行检查，所有以上所列的物资不得带入现场。

1.5.4 个人防护

（1）凡是在前段下风或距泄漏点最近的方向执行堵截与稀释任务的战斗人员，必须按照要求穿着重型防化服，佩戴空气呼吸器。

（2）凡是在中段执行下风或距泄漏点最近的方向任务的战斗人员，必须穿着轻便防化服，佩戴空气呼吸器，没有轻便防化服的人员，必须将衣领、袖口、裤口扎严、系紧，防止泄漏气体进入衣服内。

（3）在后段执行任务的战斗人员，可由现场指挥员依据实际情况酌定。

1.5.5 消防救生小组

由气防站（或特勤）组成救护小组，担负现场救生任务，携带救生器材进入警界区域之内，采取正确的救助方式，将遇险人员转移至安全区，对救出的人员进行登记、标识和现场简单的救治处理，并送交医疗急救部门。

1.5.6 处置论证

消防支（中）队组织事故单位、安环部、生产部、设备部等相关部门技术人员或专家判断事故状况，提供技术支持，制定抢险救援方案。

1.5.7 现场水源供给

消防支（中）队制定供水方案，选定前、后方水源，调集高效的供水车辆和装备，采取合理的供水方法，保证一线用水。

1.5.8 稀释堵截防爆

（1）启用现场单位的水喷淋等固定设施、蒸汽设施、固定炮的消防设施。

(2) 使用多功能水枪、喷雾水枪、自动移动炮等专用消防设备，设置水幕、蒸汽幕或铺设水幕水带，驱散积聚、流动气体，稀释气体浓度，防止形成爆炸性混合物。

(3) 采用雾状射流形成水幕墙，防止气体向重要目标或危险源扩散。

(4) 若泄漏物质成液相沿地面流动时，可采用泡沫进行覆盖，降低其蒸发速度，缩小气云范围。但要注意防止泡沫强力冲击而加大液化石油气的挥发速度。

(5) 对于积聚在建筑物和排水沟内的液化石油气，可打开门窗或排水沟盖板，通过自然通风吹散。同时还可采用防爆机械送风进行驱散。

(6) 禁止使用直流水直接冲击罐体和泄漏部位，以免强水流冲击造成静电积聚、放电引起爆炸。

1.5.9 处置程序(关阀堵漏)

(1) 生产装置或管道发生泄漏，阀门尚未破坏时，可协助技术人员或在技术人员指导下，使用喷雾水枪掩护，关闭阀门，制止泄漏。

(2) 罐体、管道、阀门、法兰泄漏，作战人员要积极配合、掩护公司专业堵漏部门实施堵漏。

(3) 通过球罐液相阀向罐内适量注水，抬高罐内所剩物料的液位，形成罐内底部水垫层，缓解险情，配合堵漏。

(4) 法兰盘、液相管道裂口泄漏，在冬季可采用冻结制漏(冷冻法)，使用麻袋片等织物强行包裹法兰盘泄漏处，然后浇水使其冻冰，从而制止或减少泄漏。

1.5.10 输转倒罐

(1) 在确保现场安全的条件下，利用车载式或移动式烃泵直接向外部罐车倒罐，烃泵倒罐可分为现场倒罐和异地倒罐两种，作业区环境液化石油气浓度必须低于爆炸下限60%时，方可采用实施倒罐。

(2) 惰性气体置换，通过气相阀，向槽车或容器有控制地释放氮气等惰性气体，将液化石油气置换到其他容器储罐。

(3) 压力差倒罐，利用水平落差产生的自然压力将事故罐的物料导入其他储罐容器或槽车，降低危险程度。

(4) 实施倒罐作业时，管线、设备必须做到良好接地，否则决不允许实施倒罐。

1.5.11 主动点燃

实施主动点燃，必须具备可靠的点燃条件，在落实严密的安全防范措施时，要缜密研究，制定方案，部署全面，谨慎进行，果断实施。

(1) 点燃原则：在容器顶部受损泄漏、堵漏无效时；槽车在人员密集区泄漏，无法转移或堵漏时；泄漏浓度有限(浓度小于爆炸浓度下限30%)、范围较小、无法有效堵漏时；遇有不点燃会带来严重后果，而点燃则导致稳定燃烧，或泄漏量已经减少的情况下，可主动实施点燃措施，但现场气体扩散已达到一定范围，点燃很可能造成大能量爆燃或爆炸，能产生巨大冲击波，危及其他储罐和救援力量及周围群众，造成难以预料后果的，严禁采取点燃措施。

(2) 点燃准备：担任掩护和防护的喷雾水枪要达到指定位置，确认危险区人员全部撤离，泄漏点周边区域经检测不在液化石油气爆炸浓度范围，使用安全点火工具，并采取正确的点火方法。

(3) 点燃时机：在罐顶开口泄漏，一时无法实施堵漏，而气体泄漏的范围和浓度有限，同时有多支水枪或移动炮稀释掩护以及各种防护措施准备就绪的情况下，用点火棒点燃；如罐顶爆裂已经形成稳定燃烧，罐体被冷却保护后罐内压力减小，火焰被风吹灭，或被冷却水流打灭，但还有气体扩散出来，如不再次点燃，仍能造成危害时，应立即组织点燃。

1.5.12　后续现场清理

(1) 继续使用喷雾水、蒸汽或惰性气体清扫现场内事故罐、管道、低洼、排水沟等处，确保不留残液(气)。

(2) 作战中队结束战斗后要立即清点本队人员是否到齐，收集整理器材装备。

(3) 撤除警戒，做好现场移交，安全撤离。

1.5.13　液化石油气泄漏救援处置程序总体要求

(1) 在行动开始之初，指挥员必须观察当天风向，保持与119指挥中心的沟通，所有车辆必须选择上风方向接近现场，停靠在上风方向的适当位置。进入危险区的车辆必须配有防火帽。尽量使用上风方向水源，在危险区内开启消火栓的时候消火栓扳子一定要使用织物包裹起来，方可开启，防止铁物撞击产生火花。

(2) 水枪阵地的设置尽量选择上风、侧上风作为进攻路线。

(3) 消防支(中)队指挥部的设置应在上风方向或设置在警戒区以外，并远离高空管廊。

(4) 一切行动要绝对服从命令，采取的行动要严防引发爆炸，进入危险区域的作战人员要挑选素质好、业务强的队员，如遇雷电天气，要慎重采取行动。

(5) 液化石油气的生产、储存装置发生泄漏事故，主要有公司和事故单位负责处置，消防支(中)队负责协助、掩护。当事故单位不能采取有效措施时，救援人员应在工程技术人员的指导下配合行动。

2 硫化氢事故救援与处置

硫化氢主要化学类别为：非金属氢化物。主要用途：用于化学分析如鉴定金属离子。主要是作为石油化工的原料的石油内，生产及储运过程中易挥发出大量有毒的硫化氢。

2.1 硫化氢危害性概述

（1）危险性类别：第2.1类，易燃气体。

（2）危险性综述：本品易燃，具强刺激性，对环境有危害，对水体和大气可造成污染。

（3）侵入途径：吸入。

（4）溶解性：溶于水、乙醇。

（5）健康危害：本品是强烈的神经毒物，对黏膜有强烈刺激作用。急性中毒：短期内吸入高浓度硫化氢后出现流泪、眼痛、眼内异物感、畏光、视物模糊、流涕、咽喉部灼热感、咳嗽、胸闷、头痛、头晕、乏力、意识模糊等。部分患者可有心肌损害。重者可出现脑水肿、肺水肿。极高浓度（1000mg/m^3以上）时可在数秒钟内突然昏迷，呼吸和心跳骤停，发生闪电型死亡。高浓度接触眼结膜发生水肿和角膜溃疡。长期低浓度接触，引起神经衰弱综合征和植物神经功能紊乱。

2.2 事故特点

（1）扩散迅速，危害范围大。易燃，与空气混合能形成爆炸性混合物，遇明火、高热能引起燃烧爆炸，形成大面积危险区。

（2）与浓硝酸、发烟硝酸或其他强氧化剂剧烈反应，易发生爆炸燃烧，爆炸下限极低，泄漏后极易与空气形成爆炸混合物，遇火源发生爆炸或燃烧。

(3) 燃烧猛烈，引燃温度 260℃；爆炸下限是占空气中的4.0%；爆炸上限是占空气中的 46.0%(体积)；爆炸速度快，最大爆炸压力 0.490MPa。

(4) 气体比空气重，能在较低处扩散到相当远的地方，遇火源会着火回燃。

(5) 处置要求高，难度大，发生泄漏的部位及压力等因素各不相同，造成各种危险因素多。

2.3 接警调度

(1) 消防支(中)队 119 指挥中心接到硫化氢泄漏报警时，重点要询问泄漏容器、地点、时间、部位、强度和范围，是否有人员伤亡和被困。

(2) 随时做好与报警单位和报警人员保持联系，充分掌握事态发展变化状况，加强与赶赴现场的责任队指挥员、支(中)队指挥员的沟通与汇报。

(3) 指挥中心接警后在调派责任队的同时立即向支(中)队值班领导汇报情况，根据支(中)队值班领导的命令调集增援力量。并向所属公司总调度汇报情况。

2.4 现场力量调集

(1) 责任消防中队接到报警或指挥中心指令后，按照管辖区域迅即出动，指挥员要进一步与 119 接警部门了解现场情况，同时观察当日风向，必须选择上风方向接近现场。

(2) 车辆装备的调集主要是支队现有的抢险救援车、气防车、泡沫车、干粉车为主，同时根据现场情况调集消防部门储备的空气呼吸器，如遇有紧急情况请求总调度调集各生产单位空气呼吸器送往一线。

(3) 消防支(中)队119指挥中心在做好支队力量调集的同时，迅速向所属公司总调度汇报情况，由公司调集生产部门、安环部门、设备部门、动力部门等相关单位到场协助处置。

2.5 现场处置

2.5.1 侦察检测

(1) 责任队到场后首先要将本队车辆置于上风或侧上风方向，指挥员要视污染现场初步情况，在小范围泄漏情况下保持本队与事故地点不小于150m的距离；在大范围泄漏情况下保持本队与事故地点不小于300m的距离。

(2) 责任队指挥员要立即向现场的岗位职工、技术人员询问了解情况，根据当日风向、风力，掌握泄漏区域硫化氢气体浓度和扩散的方向。

(3) 查明被困、遇险人员数量、位置，制定好营救路线，组织抢险组做好个人防护工作，深入现场抢救被困遇险人员。

(4) 掌握泄漏部位周边毗邻情况，如储罐区则要进一步了解储罐数量、泄漏储罐储存量及邻近罐储量、管线和罐区的总储量。

(5) 充分利用现场的消防水源，消防车辆要远离现场，以串联供水的方式实行远距离供水，指挥员可以部署战斗力量就近使用消火栓直接供水，同时尽量减少一线人员数量，少出水枪，多出自动炮或移动炮(使用人员少的装备)控制泄漏区域。

2.5.2 疏散与警戒

(1) 在事故单位前期疏散人员情况的基础上，进一步强制滞留人员远离污染现场，在泄漏区域及扩散可能涉及范围内除救援人员外，其他人员一律强制疏散隔离到区域之外。

(2) 气防站指挥员要立即开展对泄漏污染区域的检测工作，根据检测的结果，在事故单位原有警戒线的位置，以泄漏浓度值为爆炸下限的20%为标准确定警戒范围。以检测结果划分重危区、轻危区、安全区，引导公司负责警戒部门扩大警戒范围，合理设置出入口，严格控制进入警戒区特别是重危区的人员、车辆、物资。

(3) 根据有关专业部门检测情况，支队随时调整进攻力量部署以及警戒位置。

2.5.3 禁绝火源

事故区域各种使用的电源、火源、高热设备要全部切断，停止使用，落实防静电措施；凡是进入现场人员一律不得使用移动电话，非防爆通信设备、照明设备。各级指挥员首先要对进入现场的战斗人员进行检查，所有以上所列的物品不得带入现场。

2.5.4 个人防护

(1) 凡是在前段下风或距泄漏点最近的方向执行堵截与稀释任务的战斗人员，必须按照要求穿着重型防化服、避火服，佩戴空气呼吸器。

(2) 凡是在中段执行下风或距泄漏点最近的方向任务的战斗人员，必须穿着轻便防化服，佩戴空气呼吸器，没有轻便防化服的人员，必须将衣领、袖口、裤口扎严、系紧，防止泄漏气体进入衣服内。

(3) 在后段执行任务的战斗人员，可由现场指挥员依据实际情况酌定。

2.5.5 消防救生小组

由气防站(或特勤)组成救护小组，担负现场救生任务，救生人员必须穿着防化服，佩戴空气呼吸器，携带救生器材进入警界区域之内，采取正确的救助方式，将遇险人员转移至安全区，对救出的人员进行登记、标志和现场简单的救治处理，并送交医疗急救部门。

2.5.6 处置论证

消防部门组织事故单位、安环部、生产部、设备部等相关部门技术人员或专家判断事故状况，提供技术支持，制定抢险救援方案。尽可能切断泄漏源。合理通风，加速扩散。喷雾状水稀释、溶解。构筑围堤或挖坑收容产生的大量废水。如有可能，将残余气或漏出气用排风机送至水洗塔或与塔相连的通风橱内。或使其通过三氯化铁水溶液，管路装止回装置以防溶液吸回。漏气容器要妥善处理，修复、检验后再用。

2.5.7 现场水源供给

消防部门制定统一供水方案，选定前、后方水源，调集高效的供水车辆和装备，采取远距离的供水方法，保证一线用水。

2.5.8 稀释堵截防爆

(1) 启用现场单位的水喷淋等固定设施、蒸汽设施、固定炮的消防设施。

(2) 使用多功能水枪、喷雾水枪、自动移动炮等专用消防设备，设置水幕、蒸汽幕或铺设水幕水带，驱散积聚、流动气体，稀释气体浓度，防止形成爆炸性混合物。

(3) 采用雾状射流形成水幕墙，防止气体向重要目标或危险源扩散。

(4) 对于积聚在建筑物和排水沟内的硫化氢气体，可打开门窗或排水沟盖板，通过自然通风吹散。同时还可采用防爆机械送风进行驱散。

2.5.9 处置程序(关阀堵漏)

(1) 生产装置或管道发生泄漏，阀门尚未破坏时，可协助技术人员或在技术人员指导下，使用喷雾水枪掩护，关闭阀门，制止泄漏。

(2) 罐体、管道、阀门、法兰泄漏，作战人员要积极配合、掩护公司专业堵漏部门实施堵漏。

2.5.10 主动点燃

实施主动点燃，必须具备可靠的点燃条件，在落实严密的安全防范措施时，要缜密研究，制定方案，部署全面，谨慎进行，果断实施。

（1）点燃原则：在容器受到损坏采取的堵漏无效时；槽车在人员密集区泄漏，无法转移或堵漏时；泄漏浓度有限(浓度小于爆炸浓度下限30%)、范围较小、无法有效堵漏时；遇有不点燃会带来严重后果，而点燃则导致稳定燃烧，或泄漏量已经减少的情况下，可主动实施点燃措施，但现场气体扩散已达到一定范围，点燃很可能造成大能量爆燃或爆炸，能产生巨大冲击波，危及其他储罐和救援力量及周围群众，造成难以预料后果的，严禁采取点燃措施。

（2）点燃准备：担任掩护和防护的喷雾水枪要达到指定位置，确认危险区人员全部撤离，泄漏点周边区域经检测不在硫化氢气体爆炸浓度范围，使用安全点火工具，并采取正确的点火方法。

（3）点燃时机：在容器、设备泄漏，一时无法实施堵漏，而气体泄漏的范围和浓度有限，同时有多支水枪或移动炮稀释掩护以及各种防护措施准备就绪的情况下，用点火棒点燃。

2.5.11　后续现场清理

（1）继续使用喷雾水、蒸汽或惰性气体清扫现场内事故设备、罐、管道、低洼、排水沟等处，确保不留残存硫化氢气体。

（2）作战中队结束战斗后要立即清点本队人员是否到齐，收集整理器材装备。

（3）撤除警戒，做好现场移交，安全撤离。

2.5.12　硫化氢气体泄漏救援处置程序总体要求

（1）在行动开始之初，指挥员必须观察当天风向，保持与消防支(中)队119指挥中心的沟通，所有车辆必须选择上风方向逐渐接近现场，并保持一定距离，停靠在上风方向的适当位置。一线作战使用的水源尽量使用上风方向水源，在危险区内开启消火栓的时候消火栓扳子一定要使用织物包裹起来，方可开启，防止铁物撞击产生火花。

(2) 水枪阵地的设置尽量选择上风、侧上风作为进攻路线。

(3) 支(中)队指挥部的设置应在上风方向或设置在警戒区以外，并远离高空管廊。

(4) 一切行动要绝对服从命令，采取的行动要严防引发爆炸，进入危险区域的作战人员要挑选素质好、业务强的队员，如遇雷电天气，要慎重采取行动。

(5) 硫化氢的生产、储存装置发生泄漏事故，主要有公司和事故单位负责处置，消防支(中)队负责协助、掩护。当事故单位不能采取有效措施时，救援人员应在工程技术人员的指导下配合行动。

3 氨气事故救援与处置

氨气是常见的危险化学品之一，作为一种重要的化工原料，氨主要用作制冷剂及制取铵盐和氮肥。氨气在生产、储存、运输、使用过程中发生泄漏，极易发生燃烧爆炸和中毒事故，造成人员伤亡和区域性污染。

3.1 氨气危害性概述

(1) 危险性类别：第2.3类，有毒气体。

(2) 危险性综述：本品易燃，有毒，具强刺激性，对环境有危害，对水体、土壤和大气可造成污染。

(3) 侵入途径：吸入。

(4) 溶解性：溶于水、乙醇、乙醚。

(5) 健康危害：低浓度氨对黏膜有刺激作用，高浓度可造成组织溶解坏死。急性轻度中毒者可出现流泪、咽痛、声音嘶哑、咳嗽、咯痰等症状；眼结膜、鼻黏膜、咽部充血、水肿，中毒者出现呼吸困难、紫绀，可发生剧烈咳嗽、咯大量粉红色泡沫痰，高浓度氨可引起反射性呼吸停止；液氨或高浓度氨气可致皮肤灼伤。

3.2 事故特点

(1) 扩散迅速，危害范围大。液氨一般以喷射状泄漏，由液相变为气相，体积迅速扩大，形成大面积扩散区。

(2) 易发生爆炸燃烧，爆炸下限极低，氨气泄漏后极易与空气形成爆炸混合物，遇火源发生爆炸或燃烧。

(3) 氨气爆炸极限为16%~25%(体积)，爆炸速度快。

（4）毒性强，处置难度大。氨气对外露皮肤有强烈的刺激性，对眼睛刺激最厉害。吸入浓度高、量大的氨气能致人死亡。发生泄漏的部位及压力等因素各不相同，处置要求高，难度大。

3.3 接警调度

（1）消防支(中)队 119 指挥中心接到硫化氢泄漏报警时，重点要询问泄漏容器、地点、时间、部位、强度和范围，是否有人员伤亡和被困。

（2）随时做好与报警单位和报警人员保持联系，充分掌握事态发展变化状况，加强与赶赴现场的责任队指挥员、支队指挥员的沟通与汇报。

（3）消防支(中)队 119 指挥中心接警后在调派责任队的同时立即向支(中)队值班领导汇报情况，根据支队值班领导的命令调集增援力量。并向公司总调度汇报情况。

3.4 现场力量调集

（1）责任中队接到指挥中心指令后，按照管辖区域迅即出动，指挥员要进一步与支(中)队 119 指挥中心了解现场情况，同时观察当日风向，必须选择上风方向接近现场。

（2）车辆装备的调集主要是支队现有的抢险救援车、气防车、泡沫车、干粉车、水罐车为主，同时根据现场情况调集支队储备的空气呼吸器、防护服、避火服，如遇有紧急情况请求总调度调集各生产单位空气呼吸器送往一线。

（3）消防支(中)队 119 指挥中心在做好支队力量调集的同时，迅速向公司总调度汇报情况，由公司调集生产部门、安环部门、设备部门、动力部门等相关单位到场协助处置。

3.5 现场处置

3.5.1 侦察检测

（1）责任队到场后首先要将本队车辆置于上风或侧上风方

向，指挥员要视污染现场初步情况，在小范围泄漏情况下保持本队与事故地点不小于200m的距离；在大范围泄漏情况下保持本队与事故地点不小于500m的距离。

（2）责任队指挥员要立即与现场的岗位职工、技术人员询问了解情况，根据当日风向、风力，掌握泄漏区域氨气浓度和扩散的方向。

（3）查明被困、遇险人员数量、位置，制定好营救路线，组织抢险组做好个人防护工作，深入现场抢救被困遇险人员。

（4）掌握泄漏部位周边毗邻情况，如储罐区则要进一步了解储罐数量、泄漏储罐储存量及邻近罐储量、管线和罐区的总储量。

（5）充分利用现场的消防水源，消防车辆要远离现场，以串联供水的方式实行远距离供水，指挥员可以部署战斗力量就近使用消火栓直接供水，同时尽量减少一线人员数量，少出水枪，多出自动炮或移动炮(使用人员少的装备)控制泄漏区域。

3.5.2 疏散与警戒

（1）在事故单位前期疏散人员情况的基础上，进一步强制滞留人员远离污染现场，在泄漏区域及扩散可能涉及范围内除救援人员外，其他人员一律强制疏散隔离到区域之外。

（2）气防站(或特勤)指挥员要立即开展对泄漏污染区域的检测工作，根据检测的结果，在事故单位原有警戒线的位置，以泄漏浓度值为爆炸下限的20%为标准确定警戒范围。以检测结果划分重危区、轻危区、安全区，引导公司负责警戒部门扩大警戒范围，合理设置出入口，严格控制进入警戒区特别是重危区的人员、车辆、物资。

（3）根据有关专业部门检测情况，支(中)队随时调整进攻力量部署以及警戒位置。

3.5.3 禁绝火源

事故区域各种使用的电源、火源要全部切断，停止使用，禁止和消除警戒区内一切能引起燃烧爆炸的火焰条件。凡是进入现场人员一律不得使用移动电话，非防爆通信设备、照明设备。各级指挥员首先要对进入现场的战斗人员进行检查，所有以上所列的物品不得带入现场。

3.5.4　个人防护

(1) 凡是在前段下风或距泄漏点最近的方向执行堵截与稀释任务的战斗人员，必须按照要求穿着重型防化服、避火服，佩戴空气呼吸器，一线作战人员必须戴消防手套。

(2) 凡是在中段执行下风或距泄漏点最近的方向任务的战斗人员，必须穿着轻便防化服，佩戴空气呼吸器，没有轻便防化服的人员，必须将衣领、袖口、裤口扎严、系紧，防止泄漏气体进入衣服内。

(3) 在后段执行任务的战斗人员，可由现场指挥员依据实际情况酌定。

3.5.5　支队救生小组

由气防站(或特勤)组成救护小组，担负现场救生任务，救生人员必须穿着防化服，佩戴空气呼吸器，携带救生器材进入警界区域之内，采取正确的救助方式，将遇险人员转移至安全区，对救出的人员进行登记、标志和现场简单的救治处理，并送交医疗急救部门。

3.5.6　处置论证

消防支(中)队组织事故单位、安环部、生产部、设备部等相关部门技术人员或专家判断事故状况，提供技术支持，制定抢险救援方案。尽可能切断泄漏源。合理通风，加速扩散。喷雾状水稀释、溶解。构筑围堤或挖坑收容产生的大量废水。如有可能，将残余气或漏出气用排风机送至水洗塔或与塔相连的通风橱内。漏气容器要妥善处理，修复、检验后再用。

3.5.7　现场水源供给

消防支(中)队制定统一供水方案，选定前、后方水源，调集高效的供水车辆和装备，采取远距离的供水方法，保证一线用水。

3.5.8 稀释降毒

（1）启用现场单位的水喷淋等固定设施、蒸汽设施、固定炮的消防设施。

（2）使用多功能水枪、喷雾水枪、自动移动炮等专用消防设备，以泄漏点为中心，设置水幕、蒸汽幕或铺设水幕水带，进行稀释降毒，采用雾状射流形成水幕，防止氨气向重要部位或危险源扩散。

（3）稀释的时候不易使用直流水。

3.5.9 处置程序(关阀堵漏)

（1）生产装置或管道发生泄漏，阀门尚未破坏时，可协助技术人员或在技术人员指导下，使用喷雾水枪掩护，关闭阀门，制止泄漏。

（2）罐体、管道、阀门、法兰泄漏，作战人员要积极配合、掩护公司专业堵漏部门实施堵漏。

3.5.10 输转倒罐

（1）在确保现场安全的条件下，利用车载式或移动式烃泵直接向外部罐车倒罐，倒罐可分为现场倒罐和异地倒罐两种，作业区环境氨气浓度必须低于爆炸下限60%时，方可实施倒罐。

（2）惰性气体置换，通过气相阀，向槽车或容器有控制地释放氮气等惰性气体，将氨气置换到其他容器储罐。

（3）利用压力差倒罐，利用水平落差产生的自然压力将事故罐的物料导入其他储罐容器或槽车，降低危险程度。

（4）实施倒罐作业时，管线、设备必须做到良好接地，否则决不允许实施倒罐。

3.5.11 化学中和

储罐容器壁发生小量泄漏，可采用化学中和方法。可将泄漏的液氨导流至稀盐酸溶液中进行中和，也可将钢瓶浸入水中。

3.5.12 洗消处理

（1）在危险区和安全区交界处设立洗消站。

（2）洗消对象：轻度中毒人员、重度中毒人员在送医院治疗之前，现场的各级人员以及抢险救援器材装备。

（3）洗消方法：化学洗消法，即使用稀盐酸等酸性物质溶于水中喷洒在染毒区域或受污染物体表面，发生化学反应，成为无毒或低毒物质。物理洗消法，即用吸附垫、活性炭等具有吸附能力的物质，吸附回收后转移处理，对染毒空气可用排烟机吹散降毒。也可对污染区暂时封闭，依靠自然条件如日晒、雨淋、通风等使毒气消失。也可喷射雾状水进行稀释降毒。

（4）洗消和处置用水排放必须经过公司环保部门检测，防止二次污染。

3.5.13 后续现场清理

（1）继续使用喷雾水、蒸汽或惰性气体清扫现场内事故设备、罐、管道、低洼、排水沟等处，确保不留残液。

（2）作战中队结束战斗后要立即清点本队人员是否到齐，收集整理器材装备。

（3）撤除警戒，做好现场移交，安全撤离。

3.5.14 氨气泄漏救援处置程序总体要求

（1）在行动开始之初，指挥员必须观察当天风向，保持与消防支(中)队119指挥中心的沟通，所有车辆必须选择上风方向逐渐接近现场，并保持一定距离，停靠在上风方向的适当位置。一线作战使用的水源尽量使用上风方向水源。

（2）水枪阵地的设置尽量选择上风、侧上风作为进攻路线。

（3）消防指挥部的设置应在上风方向或设置在警戒区以外，并远离高空管廊。

（4）一切行动要绝对服从命令，采取的行动要严防引发爆炸，进入危险区域的作战人员要挑选素质好、业务强的队员，如遇雷电天气，要慎重采取行动。

(5) 注意观察救援人员的身体状况，并进行健康跟踪检查。对轻微中毒人员应立即转移到空气新鲜处，对接触毒物的皮肤、面部可用温水或清水冲洗，症状严重者立即送医院治疗。

(6) 氨气的生产、储存装置发生泄漏事故，主要有公司和事故单位负责处置，消防支(中)队负责协助、掩护。当事故单位不能采取有效措施时，救援人员应在工程技术人员的指导下配合行动。

4 环氧乙烷泄漏事故救援与处置

环氧乙烷(氧化乙烯)作为一种重要的化工原料，主要用作制造乙二醇、表面活性剂、洗涤剂、增塑剂以及树脂等。在生产、储存、运输、使用过程中发生泄漏，极易发生燃烧爆炸和中毒事故，造成人员伤亡和区域性污染。

4.1 环氧乙烷危害性概述

(1) 危险性类别：第2.1类，易燃气体。

(2) 危险性综述：本品易燃，有毒，为致癌物，具刺激性，具致敏性，对环境有危害。

(3) 侵入途径：吸入、经皮吸收。

(4) 健康危害：是一种中枢神经抑制剂、刺激剂和原浆毒物。急性中毒：患者有剧烈的搏动性头痛、头晕、恶心和呕吐、流泪、呛咳、胸闷、呼吸困难；重者全身肌肉颤动、言语障碍、共济失调、出汗、神志不清，以致昏迷。还可见心肌损害和肝功能异常。抢救恢复后可有短暂精神失常，迟发性功能性失音或中枢性偏瘫。皮肤接触迅速发生红肿，数小时后起泡，反复接触可致敏。液体溅入眼内，可致角膜灼伤。慢性影响：长期少量接触，可见有神经衰弱综合征和植物神经功能紊乱。

4.2 事故特点

(1) 扩散迅速，危害范围大。环氧乙烷泄漏后可由液相变为气相，易形成大面积扩散区。

(2) 易发生燃烧，其蒸气能与空气形成范围广阔的爆炸性混合物。遇热源和明火有燃烧爆炸的危险。若遇高热可发生剧烈分解，引起容器破裂或爆炸事故。接触碱金属、氢氧化物或高活性催化剂如铁、锡和铝的无水氯化物及铁和铝的氧化物可大量放热，并可能引起爆炸。

(3) 其蒸气比空气重，能在较低处扩散到相当远的地方，遇火源会着火回燃。

(4) 环氧乙烷的爆炸极限为 3.0%~100%(体积)，闪点为-17.8℃，爆炸速度快。

(5) 毒性强，处置难度大。环氧乙烷对外露皮肤具有刺激性，吸入浓度高、量大的环氧乙烷能致人死亡。发生泄漏的部位及压力等因素各不相同，处置要求高，难度大。

(6) 环氧乙烷的溶解性：易溶于水、多数有机溶剂。

(7) 切断气源。若不能切断气源，则不允许熄灭泄漏处的火焰。喷水冷却容器，可能的话将容器从火场移至空旷处。灭火剂：雾状水、抗溶性泡沫、干粉、二氧化碳。

4.3 急救措施

(1) 皮肤接触：立即脱去污染的衣着，用大量流动清水冲洗至少 15min。就医。

(2) 眼睛接触：立即提起眼睑，用大量流动清水或生理盐水彻底冲洗至少 15min。就医。

(3) 吸入：迅速脱离现场至空气新鲜处。保持呼吸道通畅。如呼吸困难，给输氧。如呼吸停止，立即进行人工呼吸。呼吸心跳停止时，立即进行人工呼吸和胸外心脏按压术。

(4) 食入：饮足量温水，催吐。就医。

4.4 接警调度

(1) 消防支(中)队 119 指挥中心接到环氧乙烷泄漏报警时，重点要询问泄漏容器、地点、时间、部位、强度和范围，是否有人员伤亡和被困。

（2）随时做好与报警单位和报警人员保持联系，充分掌握事态发展变化状况，加强与赶赴现场的责任队指挥员、支队指挥员的沟通与汇报。

（3）指挥中心接警后在调派责任队的同时立即向支(中)队值班领导汇报情况，根据支队值班领导的命令调集增援力量。并向公司总调度汇报情况。

4.5 现场力量调集

（1）责任中队接到指挥中心指令后，按照管辖区域迅即出动，指挥员要进一步与支(中)队119指挥中心了解现场情况，同时观察当日风向，必须选择上风方向接近现场。

（2）车辆装备的调集主要是支(中)队现有的抢险救援车、气防车、泡沫车、干粉车、水罐车为主，重点优先调集装备抗容泡沫的消防车。同时根据现场情况调集支队储备的空气呼吸器、防护服、避火服，如遇有紧急情况请求总调度调集各生产单位空气呼吸器送往一线。

（3）消防支队119指挥中心在做好支(中)队力量调集的同时，迅速向公司总调度汇报情况，由公司调集生产部门、安环部门、设备部门、动力部门等相关单位到场协助处置。

4.6 现场处置

4.6.1 侦察检测

（1）责任队到场后首先要将本队车辆置于上风或侧上风方向，指挥员要视污染现场初步情况，在小范围泄漏情况下保持本队与事故地点不小于150m的距离；在大范围泄漏情况下保持本队与事故地点不小于300m的距离。

（2）责任队指挥员要立即向现场的岗位职工、技术人员询问了解情况，根据当日风向、风力，掌握泄漏区域环氧乙烷的浓度和扩散的方向。

(3) 查明被困、遇险人员数量、位置，制定好营救路线，组织抢险组做好个人防护工作，深入现场抢救被困遇险人员。

(4) 掌握泄漏部位周边毗邻情况，如储罐区则要进一步了解储罐数量、泄漏储罐储存量及邻近罐储量、管线和罐区的总储量。

(5) 充分利用现场的消防水源，消防车辆要远离现场，以串联供水的方式实行远距离供水，指挥员可以部署战斗力量就近使用消火栓直接供水，同时尽量减少一线人员数量，少出水枪，多出自动炮或移动炮(使用人员少的装备)控制泄漏区域。

4.6.2 疏散与警戒

(1) 在事故单位前期疏散人员情况的基础上，进一步强制滞留人员远离污染现场，在泄漏区域及扩散可能涉及范围内除救援人员外，其他人员一律强制疏散隔离到区域之外。

(2) 气防站(或特勤)指挥员要立即开展对泄漏污染区域的检测工作，根据检测的结果，在事故单位原有警戒线的位置，以泄漏浓度值为爆炸下限的20%为标准确定警戒范围。以检测结果划分重危区、轻危区、安全区，引导公司负责警戒部门扩大警戒范围，合理设置出入口，严格控制进入警戒区特别是重危区的人员、车辆、物资。

(3) 根据有关专业部门检测情况，支队随时调整进攻力量部署以及警戒位置。

4.6.3 禁绝火源

事故区域各种使用的电源、火源要全部切断，停止使用，禁止和消除警戒区内一切能引起燃烧爆炸的火焰条件。凡是进入现场人员一律不得使用移动电话，非防爆通信设备、照明设备。各级指挥员首先要对进入现场的战斗人员进行检查，所有以上所列的物品不得带入现场。

4.6.4 个人防护

(1) 凡是在前段下风或距泄漏点最近的方向执行堵截与稀

释任务的战斗人员，必须按照要求穿着重型防化服、轻便防化服、避火服，佩戴空气呼吸器，一线作战人员必须戴消防手套。

（2）凡是在中段执行下风或距泄漏点最近的方向任务的战斗人员，必须穿着轻便防化服，佩戴空气呼吸器。

（3）在后段执行任务的战斗人员，可由现场指挥员依据实际情况酌定。

4.6.5　消防救生小组

由气防站(或特勤)组成救护小组，担负现场救生任务，救生人员必须穿着防化服，佩戴空气呼吸器，携带救生器材进入警界区域之内，采取正确的救助方式，将遇险人员转移至安全区，对救出的人员进行登记、标志和现场简单的救治处理，并送交医疗急救部门。

4.6.6　处置论证

支(中)队组织事故单位、安环部、生产部、设备部等相关部门技术人员或专家判断事故状况，提供技术支持，制定抢险救援方案。尽可能切断泄漏源。用工业覆盖层或吸附/吸收剂盖住泄漏点附近的下水道等地方，防止气体进入。合理通风，加速扩散。喷雾状水稀释、溶解。构筑围堤或挖坑收容产生的大量废水。如有可能，将漏出气用排风机送至空旷地方或装设适当喷头烧掉。漏气容器要妥善处理，修复、检验后再用。

4.6.7　现场水源供给

消防支(中)队制定统一供水方案，选定前、后方水源，调集高效的供水车辆和装备，采取远距离的供水方法，保证一线用水。

4.6.8　稀释降毒

（1）启用现场单位的水喷淋等固定设施、蒸汽设施、固定炮的消防设施。

（2）使用多功能水枪、喷雾水枪、自动移动炮等专用消防设备，以泄漏点为中心，设置水幕、蒸汽幕或铺设水幕水带，进行稀释降毒，采用雾状射流形成水幕，防止泄漏的环氧乙烷向重要部位或危险源扩散。

(3) 稀释的时候不易使用直流水冲击。

4.6.9　处置程序(关阀堵漏)

(1) 生产装置或管道发生泄漏，阀门尚未破坏时，可协助技术人员或在技术人员指导下，使用喷雾水枪掩护，关闭阀门，制止泄漏。

(2) 罐体、管道、阀门、法兰泄漏，作战人员要积极配合、掩护公司专业堵漏部门实施堵漏。

4.6.10　输转倒罐

(1) 使用防爆型的通风系统和设备。防止气体泄漏到工作场所空气中。避免与酸类、碱类、醇类接触。在传送过程中，钢瓶和容器必须接地和跨接，防止产生静电。禁止撞击和震荡。

(2) 在确保现场安全的条件下，利用车载式或移动式防爆泵直接向外部罐车倒罐，防爆泵倒罐可分为现场倒罐和异地倒罐两种，作业区环境环氧乙烷浓度必须低于爆炸下限 60% 时，方可采用实施倒罐。

(3) 惰性气体置换，通过气相阀，向槽车或容器有控制地释放氮气等惰性气体，将环氧乙烷置换到其他容器储罐。

(4) 利用压力差倒罐，利用水平落差产生的自然压力将事故罐的物料导入其他储罐容器或槽车，降低危险程度。

(5) 实施倒罐作业时，管线、设备必须做到良好接地，否则决不允许实施倒罐。

4.6.11　化学中和

溶解性：易溶于水、多数有机溶剂。小量泄漏可用活性炭或其他惰性材料吸收。大量泄漏：构筑围堤或挖坑收容。用泡沫覆盖，降低蒸气灾害。喷雾状水或泡沫冷却和稀释蒸汽、保护现场人员。用防爆泵转移至槽车或专用收集器内，回收或运至废物处理场所处置。

4.6.12 洗消处理

(1) 在危险区和安全区交界处设立洗消站。

(2) 洗消对象：轻度中毒人员、重度中毒人员在送医院治疗之前、现场的各级人员以及抢险救援器材装备。

(3) 洗消方法：物理洗消法，即用吸附垫、活性炭等具有吸附能力的物质，吸附回收后转移处理，对染毒空气可用排烟机吹散降毒。也可对污染区暂时封闭，依靠自然条件如日晒、雨淋、通风等使毒气消失。也可喷射雾状水进行稀释降毒。

(4) 洗消和处置用水排放必须经过公司环保部门检测，防止二次污染。

4.6.13 后续现场清理

(1) 继续使用喷雾水、蒸汽或惰性气体清扫现场内事故设备、罐、管道、低洼、排水沟等处，确保不留残液。

(2) 作战中队结束战斗后要立即清点本队人员是否到齐，收集整理器材装备。

(3) 撤除警戒，做好现场移交，安全撤离。

4.6.14 环氧乙烷泄漏救援处置程序总体要求

(1) 在行动开始之初，指挥员必须观察当天风向，保持与119指挥中心的沟通，所有车辆必须选择上风方向逐渐接近现场，并保持一定距离，停靠在上风方向的适当位置。一线作战使用的水源尽量使用上风方向水源。

(2) 水枪阵地的设置尽量选择上风、侧上风作为进攻路线。选择灭火剂以抗容泡沫为主要处置用剂。

(3) 支(中)队指挥部的设置应在上风方向或设置在警戒区以外，并远离高空管廊。

(4) 一切行动要绝对服从命令，采取的行动要严防引发爆炸，进入危险区域的作战人员要挑选素质好、业务强的队员，如遇雷电天气，要慎重采取行动。

(5) 注意观察救援人员的身体状况，并进行健康跟踪检查。

对轻微中毒人员应立即转移到空气新鲜处，对接触毒物的皮肤、面部可用肥皂水或清水冲洗，症状严重者立即送医院治疗。

(6) 环氧乙烷的生产、储存装置发生泄漏事故，主要由公司和事故单位负责处置，消防支(中)队负责协助、掩护。当事故单位不能采取有效措施时，救援人员应在工程技术人员的指导下配合行动，严禁盲目采取行动。

5　氢气泄漏事故救援与处置

氢气作为一种重要的化工原料，主要用于合成氨和甲醇等，石油精制，有机物氢化及作火箭燃料。为无色无臭气体。在生产、储存、运输、使用过程中发生泄漏，极易发生燃烧爆炸和中毒事故，造成人员伤亡。

5.1　氢气危害性概述

（1）危险性类别：第2.1类，易燃气体。

（2）危险性综述：本品易燃。

（3）侵入途径：吸入。

（4）健康危害：本品在生理学上是惰性气体，仅在高浓度时，由于空气中氧分压降低才引起窒息。在很高的分压下，氢气可表现出麻醉作用。

5.2　事故特点

氢气燃烧后燃烧分解的产物为水，因此对环境不会造成污染。

（1）扩散迅速，危害范围大。氢气泄漏后，易形成大面积扩散区。

（2）易燃烧，氢气能与空气混合能形成爆炸性混合物。遇热源和明火即爆炸的危险。氢气与氟、氯、溴等卤素会剧烈反应。

（3）氢气比空气轻，在室内使用和储存时，漏气上升滞留屋顶不易排出，遇火星会引起爆炸。

（4）氢气的爆炸极限为4.1%~74.1%（体积），最大爆炸压力：0.720MPa。

（5）由于氢气属于惰性气体，处置难度相对较大。吸入高浓度氢气可表现出麻醉作用。发生泄漏的部位及压力等因素各不相同，处置要求高，难度大。

（6）氢气的溶解性：不溶于水，不溶于乙醇、乙醚。

（7）切断泄漏蒸气源。若不能切断气源，则不允许熄灭泄漏处的火焰。喷水冷却容器，可能的话将容器从火场移至空旷处。灭火剂：雾状水、泡沫、干粉、二氧化碳。

（8）急救措施

迅速脱离现场至空气新鲜处。保持呼吸道通畅。如呼吸困难，给输氧。如呼吸停止，立即进行人工呼吸。就医。

5.3 接警调度

（1）消防支(中)队119指挥中心接到氢气泄漏报警时，重点要询问泄漏容器、地点、时间、部位、强度和范围，是否有人员伤亡和被困。

（2）随时做好与报警单位和报警人员保持联系，充分掌握事态发展变化状况，加强与赶赴现场的责任队指挥员、支(中)队指挥员的沟通与汇报。

（3）指挥中心接警后在调派责任队的同时立即向支(中)队值班领导汇报情况，根据支(中)队值班领导的命令调集增援力量。并向公司总调度汇报情况。

5.4 现场力量调集

（1）责任中队接到指挥中心指令后，按照管辖区域迅即出动，指挥员要进一步与支(中)队119指挥中心了解现场情况，同时观察当日风向，必须选择上风方向接近现场。

（2）车辆装备的调集主要是支队现有的抢险救援车、气防车、泡沫车、干粉车、水罐车为主。同时根据现场情况调集支

(中)队储备的空气呼吸器、防护服、避火服，如遇有紧急情况请求总调度调集各生产单位空气呼吸器送往一线。

(3) 消防支(中)队119指挥中心在做好支(中)队力量调集的同时，迅速向公司总调度汇报情况，由公司调集生产部门、安环部门、设备部门、动力部门等相关单位到场协助处置。

5.5 现场处置

5.5.1 侦察检测

(1) 责任队到场后首先要将本队车辆置于上风或侧上风方向，指挥员要视泄漏现场初步情况，在小范围泄漏情况下保持本队与事故地点不小于150m的距离；在大范围泄漏情况下保持本队与事故地点不小于300m的距离。

(2) 责任队指挥员要立即向现场的岗位职工、技术人员询问了解情况，根据当日风向、风力，掌握泄漏区域氢气的浓度和扩散的方向。

(3) 查明被困、遇险人员数量、位置，制定好营救路线，组织抢险组做好个人防护工作，深入现场抢救被困遇险人员。

(4) 掌握泄漏部位周边毗邻情况，如储罐区则要进一步了解储罐数量、泄漏储罐储存量及邻近罐储量、管线和罐区的总储量。

(5) 充分利用现场的消防水源，消防车辆要远离现场，以串联供水的方式实行远距离供水，指挥员可以部署战斗力量就近使用消火栓直接供水，同时尽量减少一线人员数量，少出水枪，多出自动炮或移动炮(使用人员少的装备)控制泄漏区域。

5.5.2 疏散与警戒

(1) 在事故单位前期疏散人员情况的基础上，进一步强制滞留人员远离泄漏现场，在泄漏区域及扩散可能涉及范围内除救援人员外，其他人员一律强制疏散隔离到区域之外。

(2) 气防站(或特勤)指挥员要立即开展对泄漏污染区域的检测工作，根据检测的结果，在事故单位原有警戒线的位置，以泄漏范围确定警戒。以检测结果划分重危区、轻危区、安全区，引导公司负责警戒部门扩大警戒范围，合理设置出入口，严格控制进入警戒区特别是重危区的人员、车辆、物资。

(3) 根据有关专业部门检测情况，支(中)队随时调整进攻力量部署以及警戒位置。

5.5.3　禁绝火源

事故区域各种使用的电源、火源要全部切断，停止使用，禁止和消除警戒区内一切能引起燃烧爆炸的火焰条件。凡是进入现场人员一律不得使用移动电话，非防爆通信设备、照明设备。各级指挥员首先要对进入现场的战斗人员进行检查，所有以上所列的物品不得带入现场。

5.5.4　个人防护

(1) 凡是在前段下风或距泄漏点最近的方向执行堵截与稀释任务的战斗人员，必须按照要求穿着重型防化服、轻便防化服、避火服，佩戴空气呼吸器，一线作战人员必须戴消防手套。

(2) 凡是在中段执行下风或距泄漏点最近的方向任务的战斗人员，必须穿着轻便防化服，佩戴空气呼吸器。

(3) 在后段执行任务的战斗人员，可由现场指挥员依据实际情况酌定。

5.5.5　消防救生小组

由气防站(或特勤)组成救护小组，担负现场救生任务，救生人员必须穿着防化服，佩戴空气呼吸器，携带救生器材进入警界区域之内，采取正确的救助方式，将遇险人员转移至安全区，对救出的人员进行登记、标识和现场简单的救治处理，并送交医疗急救部门。

5.5.6　处置论证

支(中)队组织事故单位、安环部、生产部、设备部等相关部门技术人员或专家判断事故状况，提供技术支持，制定抢险救援方案。切断火源。密闭操作，加强通风。操作人员必须经过专门培训，严格遵守操作规程。操作人员穿防静电工作服，远离火种、热源，工作场所严禁吸烟。使用防爆型的通风系统和设备。防止气体泄漏到工作场所空气中。避免与氧化剂、卤素接触。在传送过程中，钢瓶和容器必须接地和跨接，防止产生静电。搬运时轻装轻卸，防止钢瓶及附件破损。

5.5.7　现场水源供给

支(中)队制定统一供水方案，选定前、后方水源，调集高效的供水车辆和装备，采取远距离的供水方法，保证一线用水。

5.5.8　稀释堵截

(1) 启用现场单位的水喷淋等固定设施、蒸汽设施、固定炮的消防设施。

(2) 使用多功能水枪、喷雾水枪、自动移动炮等专用消防设备，以泄漏点为中心，设置水幕、蒸汽幕或铺设水幕水带，进行稀释堵截，采用雾状射流形成水幕，防止泄漏的氢气向重要部位或危险源扩散。

5.5.9　处置程序(关阀堵漏)

(1) 生产装置或管道发生泄漏，阀门尚未破坏时，可协助技术人员或在技术人员指导下，使用喷雾水枪掩护，关闭阀门，制止泄漏。

(2) 罐体、管道、阀门、法兰泄漏，作战人员要积极配合、掩护公司专业堵漏部门实施堵漏。

5.5.10　输转倒罐

使用防爆型的通风系统和设备，防止气体泄漏到工作场所空气中，避免与氧化剂、卤素接触。采用钢瓶运输时必须戴好钢瓶上的安全帽。钢瓶一般平放，并应将瓶口朝同一方向，不可交叉；高度不得超过车辆的防护栏板，并用三角木垫卡牢，防止滚动。装运该物品的车辆排气管必须配备阻火装置，禁止使用易产生火花的机械设备和工具装卸。

5.5.11　后续现场清理

（1）继续使用喷雾水、蒸汽清扫驱赶残留的氢气。

（2）作战中队结束战斗后要立即清点本队人员是否到齐，收集整理器材装备。

（3）撤除警戒，做好现场移交，安全撤离。

5.5.12　氢气泄漏救援处置程序总体要求

（1）由于是氢气，其比重比空气轻，极易形成飞火，因此在行动开始之初，指挥员必须观察当天风向，保持与119指挥中心的沟通，所有车辆必须选择上风方向逐渐接近现场，并保持一定距离，停靠在上风方向的适当位置。一线作战使用的水源尽量使用上风方向水源。

（2）水枪阵地的设置尽量选择上风、侧上风作为进攻路线。选择灭火剂以泡沫为主要处置用剂。

（3）支(中)队指挥部的设置应在上风方向或设置在警戒区以外，并远离高空管廊。

（4）一切行动要绝对服从命令，采取的行动要严防引发爆炸，进入危险区域的作战人员要挑选素质好、业务强的队员，如遇雷电天气，要慎重采取行动。

（5）注意观察救援人员的身体状况，并进行健康跟踪检查。对轻微中毒人员应立即转移到空气新鲜处，症状严重者立即送医院治疗。

（6）氢气的生产、储存装置发生泄漏事故，主要由公司和事故单位负责处置，消防支(中)队负责协助、掩护。当事故单位不能采取有效措施时，救援人员应在工程技术人员的指导下配合行动，严禁盲目采取行动。

6 乙烯泄漏事故救援与处置

乙烯作为一种重要的化工原料，主要用作用于制聚乙烯、聚氯乙烯、醋酸等行业。在生产、储存、运输、使用过程中发生泄漏，极易发生燃烧爆炸和中毒事故，造成人员伤亡和区域性污染。

6.1 乙烯危害性概述

（1）危险性类别：第2.1类，易燃气体。

（2）危险性综述：本品易燃，对环境有危害，对水体、土壤和大气可造成污染。

（3）侵入途径：吸入。

（4）健康危害：具有较强的麻醉作用。急性中毒：吸入高浓度乙烯可立即引起意识丧失，无明显的兴奋期，但吸入新鲜空气后，可很快苏醒。对眼及呼吸道黏膜有轻微刺激性。液态乙烯可致皮肤冻伤。慢性影响：长期接触，可引起头昏、全身不适、乏力、思维不集中。个别人有胃肠道功能紊乱。

6.2 事故特点

（1）扩散迅速，危害范围大。乙烯挥发出来的蒸气与空气混合后可形成爆炸性混合物，并形成大面积扩散区。

（2）易发生燃烧，遇明火、高热或与氧化剂接触，有引起燃烧爆炸的危险。与氟、氯等接触会发生剧烈的化学反应。

（3）乙烯的爆炸极限为2.7%～36.0%（体积），引燃温度为425℃。

（4）处置难度大。乙烯对人体具有一定的刺激性，液态乙烯可使人员造成冻伤。发生泄漏的部位及压力等因素各不相同，处置要求高，难度大。

（5）乙烯的溶解性：不溶于水，微溶于乙醇、酮、苯，溶于醚。

（6）切断气源。若不能切断气源，则不允许熄灭泄漏处的火焰。喷水冷却容器，可能的话将容器从火场移至空旷处。灭火剂：雾状水、泡沫、二氧化碳、干粉。

6.3 急救措施

（1）皮肤接触：若有冻伤，就医治疗。

（2）吸入：迅速脱离现场至空气新鲜处。保持呼吸道通畅。如呼吸困难，给输氧。如呼吸停止，立即进行人工呼吸。就医。

6.4 接警调度

（1）消防支（中）队 119 指挥中心接到乙烯泄漏报警时，重点要询问泄漏容器、地点、时间、部位、强度和范围，是否有人员伤亡和被困。

（2）随时做好与报警单位和报警人员保持联系，充分掌握事态发展变化状况，加强与赶赴现场的责任队指挥员、支队指挥员的沟通与汇报。

（3）指挥中心接警后在调派责任队的同时立即向支（中）队值班领导汇报情况，根据支（中）队值班领导的命令调集增援力量。并向所属公司总调度汇报情况。

6.5 现场力量调集

（1）责任中队接到指挥中心指令后，按照管辖区域迅即出动，指挥员要进一步与支（中）队 119 指挥中心了解现场情况，同时观察当日风向，必须选择上风方向接近现场。

（2）车辆装备的调集主要是支（中）队现有的抢险救援车、

气防车、泡沫车、干粉车、水罐车为主。同时根据现场情况调集支(中)队储备的空气呼吸器、隔热服、防护服、避火服，如遇有紧急情况请求总调度调集各生产单位空气呼吸器送往一线。

(3) 消防支(中)队119指挥中心在做好支队力量调集的同时，迅速向公司总调度汇报情况，由公司调集生产部门、安环部门、设备部门、动力部门等相关单位到场协助处置。

6.6 现场处置

6.6.1 侦察检测

(1) 责任队到场后首先要将本队车辆置于上风或侧上风方向，指挥员要视泄漏现场初步情况，在小范围泄漏情况下保持本队与事故地点不小于50m的距离；在大范围泄漏情况下保持本队与事故地点不小于100m的距离。

(2) 责任队指挥员要立即向现场的岗位职工、技术人员询问了解情况，根据当日风向、风力，掌握泄漏乙烯的浓度和扩散的方向。

(3) 查明被困、遇险人员数量、位置，制定好营救路线，组织抢险组做好个人防护工作，深入现场抢救被困遇险人员。

(4) 掌握泄漏部位周边毗邻情况，如储罐区则要进一步了解储罐数量、泄漏储罐储存量及邻近罐储量、管线和罐区的总储量。

(5) 充分利用现场的消防水源，消防车辆要远离现场，车辆没有防火帽的一律不准驶入现场，尽量以串联供水的方式实行远距离供水，指挥员可以部署战斗力量就近使用消火栓直接供水，同时尽量减少一线人员数量，少出水枪，多出自动炮或移动炮(使用人员少的装备)，根据泄漏范围面积部署一定的泡沫管枪对泄漏的乙烯进行覆盖，控制泄漏区域面积增大，减缓乙烯的挥发。

6.6.2 疏散与警戒

(1) 在事故单位前期疏散人员情况的基础上，进一步强制滞留人员远离污染现场，在泄漏区域及扩散可能涉及范围内除救援人员外，其他人员一律强制疏散隔离到区域之外。

(2) 气防站指挥员要立即开展对泄漏污染区域的检测工作，根据检测的结果，在事故单位原有警戒线的位置，以泄漏浓度值为爆炸下限的20%为标准确定警戒范围。以检测结果划分重危区、轻危区、安全区，引导公司负责警戒部门扩大警戒范围，合理设置出入口，严格控制进入警戒区特别是重危区的人员、车辆、物资。

(3) 根据有关专业部门检测情况，支队随时调整进攻力量部署以及警戒位置。

6.6.3 禁绝火源

事故区域各种使用的电源、火源要全部切断，停止使用，禁止和消除警戒区内一切能引起燃烧爆炸的火焰条件。凡是进入现场人员一律不得使用移动电话，非防爆通信设备、照明设备。各级指挥员首先要对进入现场的战斗人员进行检查，所有以上所列的物品不得带入现场。

6.6.4 个人防护

(1) 凡是在前段下风或距泄漏点最近的方向执行堵截与稀释任务的战斗人员，必须按照要求穿着重型防化服、轻便防化服，佩戴空气呼吸器。

(2) 凡是在中段执行下风或距泄漏点最近的方向任务的战斗人员，必须穿着轻便防化服，佩戴空气呼吸器。

(3) 在后段执行任务的战斗人员，可由现场指挥员依据实际情况酌定。

6.6.5 消防救生小组

由气防站(或特勤)组成救护小组，担负现场救生任务，救生人员必须穿着防化服，佩戴空气呼吸器，携带救生器材进入警界区域之内，采取正确的救助方式，将遇险人员转移至安全区，对救出的人员进行登记、标识和现场简单的救治处理，并送交医疗急救部门。

6.6.6　处置论证

支(中)队组织事故单位、安环部、生产部、设备部等相关部门技术人员或专家判断事故状况，提供技术支持，制定抢险救援方案。切断火源。尽可能切断泄漏源。防止进入下水道、排洪沟等限制性空间。合理通风，加速扩散。喷雾状水稀释。如有可能，将漏出气用排风机送至空旷地方或装设适当喷头烧掉。漏气容器要妥善处理，修复、检验后再用。

6.6.7　现场水源供给

支(中)队制定统一供水方案，选定前、后方水源，调集高效的供水车辆和装备，采取远距离的供水方法，保证一线用水。

6.6.8　稀释降毒

(1) 启用现场单位的水喷淋等固定设施、蒸汽设施、固定炮的消防设施。

(2) 使用泡沫管枪、多功能水枪、喷雾水枪、自动移动炮等专用消防设备，以泄漏点为中心，设置水幕、蒸汽幕或铺设水幕水带，进行稀释降毒，采用雾状射流形成水幕，防止泄漏的乙烯向重要部位或危险源扩散。

6.6.9　处置程序(关阀堵漏)

(1) 生产装置或管道发生泄漏，阀门尚未破坏时，可协助技术人员或在技术人员指导下，使用喷雾水枪掩护，关闭阀门，制止泄漏。

(2) 罐体、管道、阀门、法兰泄漏，作战人员要积极配合、掩护公司专业堵漏部门实施堵漏。

6.6.10　输转倒罐

(1) 使用防爆型的通风系统和设备。防止气体泄漏到工作场所空气中，避免与氧化剂、卤素接触。搬运时轻装轻卸，防止钢瓶及附件破损。

(2) 在确保现场安全的条件下，利用车载式或移动式防爆泵直接向外部罐车倒罐，防爆泵倒罐可分为现场倒罐和异地倒罐两种，灌装时应控制流速，且有接地装置，防止静电积聚。作业区环境乙烯浓度必须低于爆炸下限60%时，方可采用实施倒罐。

（3）惰性气体置换，通过气相阀，向槽车或容器有控制地释放氮气等惰性气体，将乙烯置换到其他容器储罐。

（4）利用压力差倒罐，利用水平落差产生的自然压力将事故罐的物料导入其他储罐容器或槽车，降低危险程度。

（5）实施倒罐作业时，管线、设备必须做到良好接地，否则决不允许实施倒罐。

6.6.11　化学中和

溶解性：不溶于水，微溶于乙醇、酮、苯，溶于醚。防止进入下水道、排洪沟等限制性空间。

6.6.12　洗消处理

（1）在危险区和安全区交界处设立洗消站。

（2）洗消对象：轻度中毒人员、重度中毒人员在送医院治疗之前、现场的各级人员以及抢险救援器材装备。

（3）洗消方法：物理洗消法，即用吸附垫、活性炭等具有吸附能力的物质，吸附回收后转移处理，对染毒空气可用排烟机吹散降毒。也可对污染区暂时封闭，喷射雾状水进行稀释。

（4）洗消和处置用水排放必须经过公司环保部门检测，防止二次污染。

6.6.13　后续现场清理

（1）继续使用喷雾水、蒸汽或惰性气体清扫现场内事故设备、罐、管道、低洼、排水沟等处，确保不留残液。

（2）作战中队结束战斗后要立即清点本队人员是否到齐，收集整理器材装备。

（3）撤除警戒，做好现场移交，安全撤离。

6.6.14　乙烯泄漏救援处置程序总体要求

（1）在行动开始之初，指挥员必须观察当天风向，保持与

119 指挥中心的沟通，所有车辆必须选择上风方向逐渐接近现场，并保持一定距离，停靠在上风方向的适当位置。一线作战使用的水源尽量使用上风方向水源。

（2）水枪阵地的设置尽量选择上风、侧上风作为进攻路线。选择灭火剂以泡沫为主要处置用剂。

（3）支(中)队指挥部的设置应在上风方向或设置在警戒区以外，并远离高空管廊。

（4）一切行动要绝对服从命令，采取的行动要严防引发爆炸，进入危险区域的作战人员要挑选素质好、业务强的队员，要慎重采取行动。

（5）注意观察救援人员的身体状况，并进行健康跟踪检查。对轻微中毒人员应立即转移到空气新鲜处，对接触毒物的皮肤、面部可用肥皂水或清水冲洗，症状严重者立即送医院治疗。

（6）乙烯的生产、储存装置发生泄漏事故，主要由公司和事故单位负责处置，消防支(中)队负责协助、掩护。当事故单位不能采取有效措施时，救援人员应在工程技术人员的指导下配合行动，严禁盲目采取行动。

7 甲烷事故救援与处置

甲烷主要用途是用作燃料和用于炭黑、氢、乙炔、甲醛等的制造。在生产、储存、运输、经营、使用过程中易发生泄漏和爆炸燃烧事故。

7.1 甲烷危害性概述

（1）危险性类别：第2.1类，易燃气体。

（2）危险性综述：本品易燃，具窒息性。

（3）侵入途径：吸入。

（4）外观与性状：无色无臭气体。

（5）健康危害：甲烷对人基本无毒，但浓度过高时，使空气中氧含量明显降低，使人窒息。当空气中甲烷达25%～30%时，可引起头痛、头晕、乏力、注意力不集中、呼吸和心跳加速、共济失调。若不及时脱离，可致窒息死亡。皮肤接触液化本品，可致冻伤。

7.2 事故特点

（1）扩散迅速，危害范围大。甲烷一般以喷射状泄漏，由液相变为气相，体积迅速扩大，形成大面积危险区。

（2）易燃，与空气混合能形成爆炸性混合物，其爆炸极限为5.3%～15%（体积），闪点为-2℃。遇热源和明火有燃烧爆炸的危险。

（3）与五氧化溴、氯气、次氯酸、三氟化氮、液氧、二氟化氧及其他强氧化剂接触剧烈反应。

（4）处置要求高，难度大，发生泄漏的部位及压力等因素各不相同，造成各种危险因素多。

7.3 急救措施

（1）皮肤接触：若有冻伤，就医治疗。

（2）吸入：迅速脱离现场至空气新鲜处。保持呼吸道通畅。如呼吸困难，给输氧。如呼吸停止，立即进行人工呼吸。就医。

7.4 接警调度

（1）消防支(中)队 119 指挥中心接到甲烷泄漏报警时，重点要询问泄漏容器、地点、时间、部位、强度和范围，是否有人员伤亡和被困。

（2）随时做好与报警单位和报警人员保持联系，充分掌握事态发展变化状况，加强与赶赴现场的责任队指挥员、支(中)队指挥员的沟通与汇报。

（3）指挥中心接警后在调派责任队的同时立即向支(中)队值班领导汇报情况，根据支(中)队值班领导的命令调集增援力量。并向所属公司总调度汇报情况。

7.5 现场力量调集

（1）责任中队接到指挥中心指令后，按照管辖区域迅即出动，指挥员要进一步与支队 119 指挥中心了解现场情况，同时观察当日风向，选择上风方向接近现场。

（2）车辆装备的调集主要是支(中)队现有的抢险救援车、气防车、泡沫车、干粉车为主。

（3）消防支队 119 指挥中心在做好支(中)队力量调集的同时，迅速向公司总调度汇报情况，由公司调集生产部门、安环部门、设备部门、动力部门等相关单位到场协助处置。

7.6 现场处置

7.6.1 侦察检测

（1）责任队到场后首先要将本队车辆置于上风或侧上风方向，指挥员要视现场初步情况，保持本队与事故地点不小于100~150m 的距离。

（2）责任队指挥员要立即与现场的岗位职工、技术人员询问了解情况，根据当日风向、风力，掌握泄漏区域气体浓度和扩散的方向。

（3）查明被困、遇险人员数量、位置，制定好营救路线，组织抢险组做好个人防护工作，深入现场抢救被困遇险人员。

（4）掌握泄漏部位周边毗邻情况，如储罐区则要进一步了解储罐数量、泄漏储罐储存量及邻近罐储量、管线和罐区的总储量。

（5）充分利用现场的消防水源，如果车辆无法接近现场或距现场距离过远，指挥员可以部署战斗力量就近使用消火栓直接供水，出水枪、自动炮或移动炮控制泄漏区域。

7.6.2 疏散与警戒

（1）在事故单位前期疏散人员情况的基础上，进一步强制滞留人员远离现场，在泄漏区域及扩散可能涉及范围内除救援人员外，其他人员一律强制疏散到区域之外。

（2）气防站指挥员要立即开展对泄漏区域的检测工作，根据检测的结果，在事故单位原有警戒线的位置，以泄漏浓度值为爆炸下限的 20% 为标准确定警戒范围。以检测结果划分重危区、轻危区、安全区，引导公司负责警戒部门扩大警戒范围，合理设置出入口，严格控制进入警戒区特别是重危区的人员、车辆、物资。

（3）根据有关专业部门检测情况，支队随时调整进攻力量部署以及警戒位置。

7.6.3 禁绝火源

事故区域各种使用的电源、火源、高热设备要全部切断，停止使用，落实防静电措施；凡是进入现场人员一律不得使用移动电话，非防爆通信设备、照明设备。各级指挥员首先要对进入现场的战斗人员进行检查，所有以上所列的物资不得带入现场。

7.6.4 个人防护

（1）凡是在前段下风或距泄漏点最近的方向执行堵截与稀释任务的战斗人员，必须按照要求穿着重型防化服、轻便防化服、避火服，佩戴空气呼吸器。

（2）凡是在中段执行下风或距泄漏点最近的方向任务的战斗人员，必须穿着轻便防化服，佩戴空气呼吸器，没有轻便防化服的人员，必须将衣领、袖口、裤口扎严、系紧，防止泄漏气体进入衣服内。

（3）在后段执行任务的战斗人员，可由现场指挥员依据实际情况酌定。

7.6.5 消防救生小组

由气防站(或特勤)组成救护小组，担负现场救生任务，携带救生器材进入警界区域之内，采取正确的救助方式，将遇险人员转移至安全区，对救出的人员进行登记、标识和现场简单的救治处理，并送交医疗急救部门。

7.6.6 处置论证

支(中)队组织事故单位、安环部、生产部、设备部等相关部门技术人员或专家判断事故状况，提供技术支持，制定抢险救援方案。

7.6.7 现场水源供给

支(中)队制定供水方案，选定前、后方水源，调集高效的供水车辆和装备，采取合理的供水方法，保证一线用水。

7.6.8 稀释堵截防爆

（1）启用现场单位的水喷淋等固定设施、蒸汽设施、固定炮的消防设施。

(2) 使用多功能水枪、喷雾水枪、自动移动炮等专用消防设备，设置水幕、蒸汽幕或铺设水幕水带，驱散积聚、流动气体，稀释气体浓度，防止形成爆炸性混合物。

(3) 采用雾状射流形成水幕墙，防止气体向重要目标或危险源扩散。

(4) 若泄漏物质成液相沿地面流动时，可采用泡沫进行覆盖，降低其蒸发速度，缩小气云范围。但要注意防止泡沫强力冲击而加大甲烷的挥发速度。

(5) 对于积聚在建筑物和排水沟内的甲烷气体，可打开门窗或排水沟盖板，通过自然通风吹散。同时还可采用防爆机械送风进行驱散。

(6) 禁止使用直流水直接冲击罐体和泄漏部位，以免强水流冲击造成静电积聚、放电引起爆炸。

7.6.9　处置程序(关阀堵漏)

(1) 生产装置或管道发生泄漏，阀门尚未破坏时，可协助技术人员或在技术人员指导下，使用喷雾水枪掩护，关闭阀门，制止泄漏。

(2) 罐体、管道、阀门、法兰泄漏，作战人员要积极配合、掩护公司专业堵漏部门实施堵漏。

(3) 通过球罐液相阀向罐内适量注水，抬高罐内所剩物料的液位，形成罐内底部水垫层，缓解险情，配合堵漏。

(4) 法兰盘、液相管道裂口泄漏，在冬季可采用冻结制漏(冷冻法)，使用麻袋片等织物强行包裹法兰盘泄漏处，然后浇水使其冻冰，从而制止或减少泄漏。

7.6.10　输转倒罐

(1) 在确保现场安全的条件下，利用车载式或移动式烃泵直接向外部罐车倒罐，烃泵倒罐可分为现场倒罐和异地倒罐两种，作业区环境甲烷浓度必须低于爆炸下限 60%时，方可采用实施倒罐。

（2）惰性气体置换，通过气相阀，向槽车或容器有控制地释放氮气等惰性气体，将甲烷置换到其他容器储罐。

（3）压力差倒罐，利用水平落差产生的自然压力将事故罐的物料导入其他储罐容器或槽车，降低危险程度。

（4）实施倒罐作业时，管线、设备必须做到良好接地，否则决不允许实施倒罐。

7.6.11　主动点燃

实施主动点燃，必须具备可靠的点燃条件，在落实严密的安全防范措施时，要缜密研究，制定方案，部署全面，谨慎进行，果断实施。

（1）点燃原则：在容器顶部受损泄漏、堵漏无效时；槽车在人员密集区泄漏，无法转移或堵漏时；泄漏浓度有限（浓度小于爆炸浓度下限30%）、范围较小、无法有效堵漏时；遇有不点燃会带来严重后果，而点燃则导致稳定燃烧，或泄漏量已经减少的情况下，可主动实施点燃措施。但现场气体扩散已达到一定范围，点燃很可能造成大能量爆燃或爆炸，能产生巨大冲击波，危及其他储罐和救援力量及周围群众，造成难以预料后果的，严禁采取点燃措施。

（2）点燃准备：担任掩护和防护的喷雾水枪要达到指定位置，确认危险区人员全部撤离，泄漏点周边区域经检测不在甲烷爆炸浓度范围，使用安全点火工具，并采取正确的点火方法。

（3）点燃时机：在罐顶开口泄漏，一时无法实施堵漏，而气体泄漏的范围和浓度有限，同时有多支水枪或移动炮稀释掩护以及各种防护措施准备就绪的情况下，用点火棒点燃；如罐顶爆裂已经形成稳定燃烧，罐体被冷却保护后罐内压力减小，火焰被风吹灭，或被冷却水流打灭，但还有气体扩散出来，如不再次点燃，仍能造成危害时，应立即组织点燃。

7.6.12　后续现场清理

（1）继续使用喷雾水、蒸汽或惰性气体清扫现场内事故罐、管道、低洼、排水沟等处，确保不留残液(气)。

(2) 作战中队结束战斗后要立即清点本队人员是否到齐，收集整理器材装备。

(3) 撤除警戒，做好现场移交，安全撤离。

7.6.13　甲烷泄漏救援处置程序总体要求

(1) 在行动开始之初，指挥员必须观察当天风向，保持与119指挥中心的沟通，所有车辆必须选择上风方向接近现场，停靠在上风方向的适当位置。进入危险区的车辆必须配有防火帽。尽量使用上风方向水源，在危险区内开启消火栓的时候消火栓扳子一定要使用织物包裹起来，方可开启，防止铁物撞击产生火花。

(2) 水枪阵地的设置尽量选择上风、侧上风作为进攻路线。

(3) 支(中)队指挥部的设置应在上风方向或设置在警戒区以外，并远离高空管廊。

(4) 一切行动要绝对服从命令，采取的行动要严防引发爆炸，进入危险区域的作战人员要挑选素质好、业务强的队员，如遇雷电天气，要慎重采取行动。

(5) 甲烷的生产、储存装置发生泄漏事故，主要由公司和事故单位负责处置，消防支(中)队负责协助、掩护。当事故单位不能采取有效措施时，救援人员应在工程技术人员的指导下配合行动，严禁盲目采取行动。

8 乙烷事故救援与处置

乙烷主要用途是用于制乙烯、氯乙烯、氯乙烷、冷冻剂等。在生产、储存、运输、经营、使用过程中易发生泄漏和爆炸燃烧事故。

8.1 乙烷危害性概述

(1) 危险性类别：第 2.1 类，易燃气体。

(2) 危险性综述：本品易燃，具窒息性。

(3) 侵入途径：吸入。

(4) 外观与性状：无色无臭气体。

(5) 健康危害：高浓度时，有单纯性窒息作用。空气中浓度大于 6% 时，出现眩晕、轻度恶心、麻醉症状；达 40% 以上时，可引起惊厥，甚至窒息死亡。

8.2 事故特点

(1) 扩散迅速，危害范围大。乙烷一般以喷射状泄漏，由液相变为气相，体积迅速扩大，形成大面积危险区。

(2) 易燃，与空气混合能形成爆炸性混合物，其爆炸极限为 3.0%~16%(体积)，闪点为-2℃。遇热源和明火有燃烧爆炸的危险。

(3) 与氟、氯等接触会发生剧烈的化学反应。

(4) 处置要求高，难度大，发生泄漏的部位及压力等因素各不相同，造成各种危险因素多。

8.3 急救措施

吸入：迅速脱离现场至空气新鲜处。保持呼吸道通畅。如呼吸困难，给输氧。如呼吸停止，立即进行人工呼吸。就医。

8.4 接警调度

(1) 消防支(中)队119指挥中心接到乙烷泄漏报警时，重点要询问泄漏容器、地点、时间、部位、强度和范围，是否有人员伤亡和被困。

(2) 随时做好与报警单位和报警人员保持联系，充分掌握事态发展变化状况，加强与赶赴现场的责任队指挥员、支(中)队指挥员的沟通与汇报。

(3) 指挥中心接警后在调派责任队的同时立即向支(中)队值班领导汇报情况，根据支队值班领导的命令调集增援力量。并向所属公司总调汇报情况。

8.5 现场力量调集

(1) 责任中队接到指挥中心指令后，按照管辖区域迅即出动，指挥员要进一步与支队119指挥中心了解现场情况，同时观察当日风向，选择上风方向接近现场。

(2) 车辆装备的调集主要是支(中)队现有的抢险救援车、气防车、泡沫车、干粉车为主。

(3) 消防支(中)队119指挥中心在做好力量调集的同时，迅速向公司总调汇报情况，由公司调集生产、安环、设备、动力部等相关单位到场协助处置。

8.6 现场处置

8.6.1 侦察检测

(1) 责任队到场后首先要将本队车辆置于上风或侧上风方

向，指挥员要视现场初步情况，保持本队与事故地点不小于100~150m的距离。

（2）责任队指挥员要立即向现场的岗位职工、技术人员询问了解情况，根据当日风向、风力，掌握泄漏区域气体浓度和扩散的方向。

（3）查明被困、遇险人员数量、位置，制定好营救路线，组织抢险组做好个人防护工作，深入现场抢救被困遇险人员。

（4）掌握泄漏部位周边毗邻情况，如储罐区则要进一步了解储罐数量、泄漏储罐储存量及邻近罐储量、管线和罐区的总储量。

（5）充分利用现场的消防水源，如果车辆无法接近现场或距现场距离过远，指挥员可以部署战斗力量就近使用消火栓直接供水，出水枪、自动炮或移动炮控制泄漏区域。

8.6.2　疏散与警戒

（1）在事故单位前期疏散人员情况的基础上，进一步强制滞留人员远离现场，在泄漏区域及扩散可能涉及范围内除救援人员外，其他人员一律强制疏散到区域之外。

（2）气防站指挥员要立即开展对泄漏区域的检测工作，根据检测的结果，在事故单位原有警戒线的位置，以泄漏浓度值为爆炸下限的20%为标准确定警戒范围。以检测结果划分重危区、轻危区、安全区，引导公司负责警戒部门扩大警戒范围，合理设置出入口，严格控制进入警戒区特别是重危区的人员、车辆、物资。

（3）根据有关专业部门检测情况，支队随时调整进攻力量部署以及警戒位置。

8.6.3　禁绝火源

事故区域各种使用的电源、火源、高热设备要全部切断，停止使用，落实防静电措施；凡是进入现场人员一律不得使用移动电话，非防爆通信设备、照明设备。各级指挥员首先要对进入现场的战斗人员进行检查，所有以上所列的物资不得带入现场。

8.6.4 个人防护

(1) 凡是在前段下风或距泄漏点最近的方向执行堵截与稀释任务的战斗人员，必须按照要求穿着重型防化服、轻便防化服、避火服，佩戴空气呼吸器。

(2) 凡是在中段执行下风或距泄漏点最近的方向任务的战斗人员，必须穿着轻便防化服，佩戴空气呼吸器，没有轻便防化服的人员，必须将衣领、袖口、裤口扎严、系紧，防止泄漏气体进入衣服内。

(3) 在后段执行任务的战斗人员，可由现场指挥员依据实际情况酌定。

8.6.5 消防救生小组

由气防站(或特勤)组成救护小组，担负现场救生任务，携带救生器材进入警界区域之内，采取正确的救助方式，将遇险人员转移至安全区，对救出的人员进行登记、标识和现场简单的救治处理，并送交医疗急救部门。

8.6.6 处置论证

支(中)队组织事故单位、安环部、生产部、设备部等相关部门技术人员或专家判断事故状况，提供技术支持，制定抢险救援方案。

8.6.7 现场水源供给

支(中)队制定供水方案，选定前、后方水源，调集高效的供水车辆和装备，采取合理的供水方法，保证一线用水。

8.6.8 稀释堵截防爆

(1) 启用现场单位的水喷淋等固定设施、蒸汽设施、固定炮的消防设施。

(2) 使用多功能水枪、喷雾水枪、自动移动炮等专用消防设备，设置水幕、蒸汽幕或铺设水幕水带，驱散积聚、流动气体，稀释气体浓度，防止形成爆炸性混合物。

（3）采用雾状射流形成水幕墙，防止气体向重要目标或危险源扩散。

（4）若泄漏物质成液相沿地面流动时，可采用泡沫进行覆盖，降低其蒸发速度，缩小气云范围。但要注意防止泡沫强力冲击而加大乙烷的挥发速度。

（5）对于积聚在建筑物和排水沟内的乙烷气体，可打开门窗或排水沟盖板，通过自然通风吹散。同时还可采用防爆机械送风进行驱散。

（6）禁止使用直流水直接冲击罐体和泄漏部位，以免强水流冲击造成静电积聚、放电引起爆炸。

8.6.9　处置程序(关阀堵漏)

（1）生产装置或管道发生泄漏，阀门尚未破坏时，可协助技术人员或在技术人员指导下，使用喷雾水枪掩护，关闭阀门，制止泄漏。

（2）罐体、管道、阀门、法兰泄漏，作战人员要积极配合、掩护公司专业堵漏部门实施堵漏。

（3）如泄漏设备为球罐，则可通过球罐液相阀向罐内适量注水，抬高罐内所剩物料的液位，形成罐内底部水垫层，缓解险情，配合堵漏。

8.6.10　输转倒罐

（1）在确保现场安全的条件下，利用车载式或移动式烃泵直接向外部罐车倒罐，烃泵倒罐可分为现场倒罐和异地倒罐两种，作业区环境乙烷浓度必须低于爆炸下限60%时，方可采用实施倒罐。避免与氧化剂、卤素接触。

（2）惰性气体置换，通过气相阀，向槽车或容器有控制地释放氮气等惰性气体，将乙烷置换到其他容器储罐。

（3）压力差倒罐，利用水平落差产生的自然压力将事故罐的物料导入其他储罐容器或槽车，降低危险程度。

（4）实施倒罐作业时，管线、设备必须做到良好接地，否则决不允许实施倒罐。

8.6.11 主动点燃

实施主动点燃，必须具备可靠的点燃条件，在落实严密的安全防范措施时，要缜密研究，制定方案，部署全面，谨慎进行，果断实施。

（1）点燃原则：在容器顶部受损泄漏、堵漏无效时；槽车在人员密集区泄漏，无法转移或堵漏时；泄漏浓度有限(浓度小于爆炸浓度下限30%)、范围较小、无法有效堵漏时；遇有不点燃会带来严重后果，而点燃则导致稳定燃烧，或泄漏量已经减少的情况下，可主动实施点燃措施。但现场气体扩散已达到一定范围，点燃很可能造成大能量爆燃或爆炸，能产生巨大冲击波，危及其他储罐和救援力量及周围群众，造成难以预料后果的，严禁采取点燃措施。

（2）点燃准备：担任掩护和防护的喷雾水枪要达到指定位置，确认危险区人员全部撤离，泄漏点周边区域经检测不在乙烷爆炸浓度范围，使用安全点火工具，并采取正确的点火方法。

（3）点燃时机：在罐顶开口泄漏，一时无法实施堵漏，而气体泄漏的范围和浓度有限，同时有多支水枪或移动炮稀释掩护以及各种防护措施准备就绪的情况下，用点火棒点燃；如罐顶爆裂已经形成稳定燃烧，罐体被冷却保护后罐内压力减小，火焰被风吹灭，或被冷却水流打灭，但还有气体扩散出来，如不再次点燃，仍能造成危害时，应立即组织点燃。

8.6.12 后续现场清理

（1）继续使用喷雾水、蒸汽或惰性气体清扫现场内事故罐、管道、低洼、排水沟等处，确保不留残液(气)。

（2）作战中队结束战斗后要立即清点本队人员是否到齐，收集整理器材装备。

（3）撤除警戒，做好现场移交，安全撤离。

8.6.13　乙烷泄漏救援处置程序总体要求

（1）在行动开始之初，指挥员必须观察当天风向，保持与119指挥中心的沟通，所有车辆必须选择上风方向接近现场，停靠在上风方向的适当位置。进入危险区的车辆必须配有防火帽。尽量使用上风方向水源，在危险区内开启消火栓的时候消火栓扳子一定要使用织物包裹起来，方可开启，防止铁物撞击产生火花。

（2）水枪阵地的设置尽量选择上风、侧上风作为进攻路线。

（3）支(中)队指挥部的设置应在上风方向或设置在警戒区以外，并远离高空管廊。

（4）一切行动要绝对服从命令，采取的行动要严防引发爆炸，进入危险区域的作战人员要挑选素质好、业务强的队员，如遇雷电天气，要慎重采取行动。

（5）乙烷的生产、储存装置发生泄漏事故，主要由公司和事故单位负责处置，消防支(中)队负责协助、掩护。当事故单位不能采取有效措施时，救援人员应在工程技术人员的指导下配合行动，严禁盲目采取行动。

9 丙烷泄漏事故救援与处置

丙烷作为一种重要的化工原料，主要用作用于有机合成。在生产、储存、运输、使用过程中发生泄漏，极易发生燃烧爆炸和中毒事故，造成人员伤亡和区域性污染。

9.1 丙烷危害性概述

(1) 危险性类别：第2.1类，易燃气体。

(2) 危险性综述：本品易燃。

(3) 侵入途径：吸入。

(4) 健康危害：本品有单纯性窒息及麻醉作用。人短暂接触1%丙烷，不引起症状；10%以下的浓度，只引起轻度头晕；接触高浓度时可出现麻醉状态、意识丧失；

(5) 外观与形状：无色气体，纯品无臭。

9.2 事故特点

(1) 易燃气体，扩散迅速，危害范围大。其蒸气与空气可形成爆炸性混合物，遇热源和明火有燃烧爆炸的危险。

(2) 极易燃，与氧化剂接触猛烈反应。气体比空气重，能在较低处扩散到相当远的地方，遇火源会着火回燃，受热的容器有爆炸危险。

(3) 丙烷的爆炸极限为2.1%~9.5%(体积)，闪点为-104℃。

(4) 处置难度大。丙烷对人体具有一定的刺激性。发生泄漏的部位及压力等因素各不相同，处置要求高，难度大。

(5) 丙烷的溶解性：微溶于水，溶于乙醇、乙醚。

(6) 切断气源。若不能切断气源，则不允许熄灭泄漏处的火焰。喷水冷却容器，可能的话将容器从火场移至空旷处，处在火场中的容器若已变色或从安全泄压装置中产生声音，必须马上撤离。灭火剂：泡沫、二氧化碳、干粉、沙土。用水灭火无效。

9.3 急救措施

（1）皮肤接触：脱去污染的衣着，用肥皂水和清水彻底冲洗皮肤。

（2）眼睛接触：提起眼睑，用流动清水或生理盐水冲洗。就医。

（3）吸入：迅速脱离现场至空气新鲜处。保持呼吸道通畅。如呼吸困难，给输氧。如呼吸停止，立即进行人工呼吸。就医。

（4）食入：饮足量温水，催吐。就医。

9.4 接警调度

（1）消防支(中)队 119 指挥中心接到丙烷泄漏报警时，重点要询问泄漏容器、地点、时间、部位、强度和范围，是否有人员伤亡和被困。

（2）随时做好与报警单位和报警人员保持联系，充分掌握事态发展变化状况，加强与赶赴现场的责任队指挥员、支(中)队指挥员的沟通与汇报。

（3）指挥中心接警后在调派责任队的同时立即向支队值班领导汇报情况，根据支(中)队值班领导的命令调集增援力量。并向所属公司总调度汇报情况。

9.5 现场力量调集

（1）责任中队接到指挥中心指令后，按照管辖区域迅即出动，指挥员要进一步与支队 119 指挥中心了解现场情况，同时观察当日风向，必须选择上风方向接近现场。

（2）车辆装备的调集主要是支(中)队现有的抢险救援车、气防车、泡沫车、干粉车、水罐车为主。同时根据现场情况调集支(中)队储备的空气呼吸器、隔热服、防护服、避火服，如遇有紧急情况请求总调度调集各生产单位空气呼吸器送往一线。

（3）消防支(中)队119指挥中心在做好力量调集的同时，迅速向公司总调度汇报情况，由公司调集生产部门、安环部门、设备部门、动力部门等相关单位到场协助处置。

9.6 现场处置

9.6.1 侦察检测

（1）责任队到场后首先要将本队车辆置于上风或侧上风方向，指挥员要视泄漏现场初步情况，在小范围泄漏情况下保持本队与事故地点不小于50m的距离；在大范围泄漏情况下保持本队与事故地点不小于100m的距离。

（2）责任队指挥员要立即向现场的岗位职工、技术人员询问了解情况，根据当日风向、风力，掌握泄漏丙烷的浓度和扩散的方向。

（3）查明被困、遇险人员数量、位置，制定好营救路线，组织抢险组做好个人防护工作，深入现场抢救被困遇险人员。

（4）掌握泄漏部位周边毗邻情况，如储罐区则要进一步了解储罐数量、泄漏储罐储存量及邻近罐储量、管线和罐区的总储量。

（5）充分利用现场的消防水源，消防车辆要远离现场，车辆没有防火帽的一律不准驶入现场，尽量以串联供水的方式实行远距离供水，指挥员可以部署战斗力量就近使用消火栓直接供水，同时尽量减少一线人员数量，少出水枪，多出自动炮或移动炮(使用人员少的装备)，根据泄漏范围面积部署一定的泡沫管枪对泄漏的丙烷进行覆盖，控制泄漏区域面积增大，减缓丙烷的挥发。

9.6.2 疏散与警戒

(1) 在事故单位前期疏散人员情况的基础上，进一步强制滞留人员远离污染现场，在泄漏区域及扩散可能涉及范围内除救援人员外，其他人员一律强制疏散隔离到区域之外。

(2) 气防站(或特勤)指挥员要立即开展对泄漏污染区域的检测工作，根据检测的结果，在事故单位原有警戒线的位置，以泄漏浓度值为爆炸下限的20%为标准确定警戒范围。以检测结果划分重危区、轻危区、安全区，引导公司负责警戒部门扩大警戒范围，合理设置出入口，严格控制进入警戒区特别是重危区的人员、车辆、物资。

(3) 根据有关专业部门检测情况，支队随时调整进攻力量部署以及警戒位置。

9.6.3 禁绝火源

事故区域各种使用的电源、火源要全部切断，停止使用，禁止和消除警戒区内一切能引起燃烧爆炸的火焰条件。凡是进入现场人员一律不得使用移动电话，非防爆通信设备、照明设备。各级指挥员首先要对进入现场的战斗人员进行检查，所有以上所列的物品不得带入现场。

9.6.4 个人防护

(1) 凡是在前段下风或距泄漏点最近的方向执行堵截与稀释任务的战斗人员，必须按照要求穿着重型防化服、轻便防化服，佩戴空气呼吸器。

(2) 凡是在中段执行下风或距泄漏点最近的方向任务的战斗人员，必须穿着轻便防化服，佩戴空气呼吸器。

(3) 在后段执行任务的战斗人员，可由现场指挥员依据实际情况酌定。

9.6.5 消防救生小组

由气防站(或特勤)组成救护小组，担负现场救生任务，救生人员必须穿着防化服，佩戴空气呼吸器，携带救生器材进入警界区域之内，采取正确的救助方式，将遇险人员转移至安全区，对救出的人员进行登记、标识和现场简单的救治处理，并送交医疗急救部门。

9.6.6 处置论证

支(中)队组织事故单位、安环部、生产部、设备部等相关部门技术人员或专家判断事故状况，提供技术支持，制定抢险救援方案。切断火源。尽可能切断泄漏源。用工业覆盖层或吸附/吸收剂盖住泄漏点附近的下水道等地方，防止气体进入。合理通风，加速扩散。喷雾状水稀释、溶解。构筑围堤或挖坑收容产生的大量废水。如有可能，将漏出气用排风机送至空旷地方或装设适当喷头烧掉。漏气容器要妥善处理，修复、检验后再用。

9.6.7 现场水源供给

支(中)队制定统一供水方案，选定前、后方水源，调集高效的供水车辆和装备，采取远距离的供水方法，保证一线用水。

9.6.8 稀释降毒

(1) 启用现场单位的水喷淋等固定设施、蒸汽设施、固定炮的消防设施。

(2) 使用泡沫管枪、多功能水枪、喷雾水枪、自动移动炮等专用消防设备，以泄漏点为中心，设置水幕、蒸汽幕或铺设水幕水带，进行稀释降毒，采用雾状射流形成水幕，防止泄漏的丙烷向重要部位或危险源扩散。

9.6.9 处置程序(关阀堵漏)

(1) 生产装置或管道发生泄漏，阀门尚未破坏时，可协助技术人员或在技术人员指导下，使用喷雾水枪掩护，关闭阀门，制止泄漏。

(2) 罐体、管道、阀门、法兰泄漏，作战人员要积极配合、掩护公司专业堵漏部门人员实施堵漏。

9.6.10 输转倒罐

(1) 使用防爆型的通风系统和设备。防止气体泄漏到工作场所空气中。避免与氧化剂、卤素、接触。在传送过程中，钢瓶和容器必须接地和跨接，防止产生静电。搬运时轻装轻卸，防止钢瓶及附件破损。

（2）在确保现场安全的条件下，利用车载式或移动式防爆泵直接向外部罐车倒罐，防爆泵倒罐可分为现场倒罐和异地倒罐两种，灌装时应控制流速，且有接地装置，防止静电积聚。作业区环境丙烷浓度必须低于爆炸下限60%时，方可采用实施倒罐。

（3）惰性气体置换，通过气相阀，向槽车或容器有控制地释放氮气等惰性气体，将丙烷置换到其他容器储罐。

（4）利用压力差倒罐，利用水平落差产生的自然压力将事故罐的物料导入其他储罐容器或槽车，降低危险程度。

（5）实施倒罐作业时，管线、设备必须做到良好接地，否则决不允许实施倒罐。

9.6.11　化学中和

溶解性：微溶于水，溶于乙醇、乙醚。防止进入下水道、排洪沟等限制性空间。

9.6.12　洗消处理

（1）在危险区和安全区交界处设立洗消站。

（2）洗消对象：轻度中毒人员、重度中毒人员在送医院治疗之前、现场的各级人员以及抢险救援器材装备。

（3）洗消方法：物理洗消法，即用吸附垫、活性炭等具有吸附能力的物质，吸附回收后转移处理，对染毒空气可用排烟机吹散降毒。也可对污染区暂时封闭，喷射雾状水进行稀释。

（4）洗消和处置用水排放必须经过公司环保部门检测，防止二次污染。

9.6.13　后续现场清理

（1）继续使用喷雾水、蒸汽或惰性气体清扫现场内事故设备、罐、管道、低洼、排水沟等处，确保不留残液。

（2）作战中队结束战斗后要立即清点本队人员是否到齐，收集整理器材装备。

（3）撤除警戒，做好现场移交，安全撤离。

9.6.14　丙烷泄漏救援处置程序总体要求

（1）在行动开始之初，指挥员必须观察当天风向，保持与119指挥中心的沟通，所有车辆必须选择上风方向逐渐接近现场，并保持一定距离，停靠在上风方向的适当位置。一线作战使用的水源尽量使用上风方向水源。

（2）水枪阵地的设置尽量选择上风、侧上风作为进攻路线。选择灭火剂以泡沫为主要处置用剂。

（3）支(中)队指挥部的设置应在上风方向或设置在警戒区以外，并远离高空管廊。

（4）一切行动要绝对服从命令，采取的行动要严防引发爆炸，进入危险区域的作战人员要挑选素质好、业务强的队员，要慎重采取行动。

（5）注意观察救援人员的身体状况，并进行健康跟踪检查。对轻微中毒人员应立即转移到空气新鲜处，症状严重者立即送医院治疗。

（6）丙烷的生产、储存装置发生泄漏事故，主要由公司和事故单位负责处置，消防支(中)队负责协助、掩护。当事故单位不能采取有效措施时，救援人员应在工程技术人员的指导下配合行动，严禁盲目采取行动。

10 丙烯泄漏事故救援与处置

丙烯作为一种重要的化工原料，主要用于制丙烯腈、环氧丙烷、丙酮等。丙烯在生产、储存、运输、使用过程中发生泄漏，极易发生燃烧爆炸和中毒事故，造成人员伤亡和区域性污染。

10.1 丙烯危害性概述

（1）危险性类别：第2.1类，易燃气体。

（2）危险性综述：本品易燃，对环境有危害，对水体、土壤和大气可造成污染。

（3）侵入途径：吸入。

（4）健康危害：本品为单纯窒息剂及轻度麻醉剂。急性中毒：人吸入丙烯可引起意识丧失，当浓度为15%时，需30min；24%时，需3min；35%~40%时，需20s；40%以上时，仅需6s，并引起呕吐。慢性影响：长期接触可引起头昏、乏力、全身不适、思维不集中。个别人胃肠道功能发生紊乱。

（5）外观与性状：无色、有烃类气味的气体。

10.2 事故特点

（1）扩散迅速，危害范围大。丙烯挥发出来的蒸气与空气混合后可形成爆炸性混合物，并形成大面积扩散区。与空气混合能形成爆炸性混合物。气体比空气重，能在较低处扩散到相当远的地方，遇火源会着火回燃。

（2）易燃，遇热源和明火有燃烧爆炸的危险。与二氧化氮、四氧化二氮、氧化二氮等激烈反应，与其他氧化剂接触剧烈反应。

（3）丙烯的爆炸极限为1.0%～15.0%（体积），引燃温度为455℃。

（4）处置难度大。丙烯对人体具有一定的窒息性及轻度麻醉作用。发生泄漏的部位及压力等因素各不相同，处置要求高，难度大。

（5）丙烯的溶解性：溶于水、乙醇。

（6）切断气源。若不能切断气源，则不允许熄灭泄漏处的火焰。喷水冷却容器，可能的话将容器从火场移至空旷处。灭火剂：雾状水、泡沫、二氧化碳、干粉。

10.3 急救措施

（1）吸入：迅速脱离现场至空气新鲜处。保持呼吸道通畅。如呼吸困难，给输氧。如呼吸停止，立即进行人工呼吸。就医。

（2）皮肤接触：如果发生冻伤，将患部浸泡于温水中复温，不能涂擦，禁止使用热水或辐射热。

10.4 接警调度

（1）消防支（中）队119指挥中心接到丙烯泄漏报警时，重点要询问泄漏容器、地点、时间、部位、强度和范围，是否有人员伤亡和被困。

（2）随时做好与报警单位和报警人员保持联系，充分掌握事态发展变化状况，加强与赶赴现场的责任队指挥员、支（中）队指挥员的沟通与汇报。

（3）指挥中心接警后在调派责任队的同时立即向支（中）队值班领导汇报情况，根据支（中）队值班领导的命令调集增援力量。并向所属公司总调度汇报情况。

10.5 现场力量调集

（1）责任中队接到指挥中心指令后，按照管辖区域迅即出动，指挥员要进一步与支队119指挥中心了解现场情况，同时观察当日风向，必须选择上风方向接近现场。

（2）车辆装备的调集主要是支(中)队现有的抢险救援车、气防车、泡沫车、干粉车、水罐车为主。同时根据现场情况调集支(中)队储备的空气呼吸器、隔热服、防护服、避火服，如遇有紧急情况请求总调度调集各生产单位空气呼吸器送往一线。

（3）消防支(中)队119指挥中心在做好力量调集的同时，迅速向公司总调汇报情况，由公司调集生产部门、安环部门、设备部门、动力部门等相关单位到场协助处置。

10.6 现场处置

10.6.1 侦察检测

（1）责任队到场后首先要将本队车辆置于上风或侧上风方向，指挥员要视泄漏现场初步情况，在小范围泄漏情况下保持本队与事故地点不小于100m的距离；在大范围泄漏情况下保持本队与事故地点不小于150m的距离。

（2）责任队指挥员要立即向现场的岗位职工、技术人员询问了解情况，根据当日风向、风力，掌握泄漏丙烯的浓度和扩散的方向。

（3）查明被困、遇险人员数量、位置，制定好营救路线，组织抢险组做好个人防护工作，深入现场抢救被困遇险人员。

（4）掌握泄漏部位周边毗邻情况，如储罐区则要进一步了解储罐数量、泄漏储罐储存量及邻近罐储量、管线和罐区的总储量。

（5）充分利用现场的消防水源，消防车辆要远离现场，车辆没有防火帽的一律不准驶入现场，尽量以串联供水的方式实行远距离供水，指挥员可以部署战斗力量就近使用消火栓直接供水，同时尽量减少一线人员数量，少出水枪，多出自动炮或移动炮(使用人员少的装备)，根据泄漏范围面积部署一定的泡沫管枪对泄漏的丙烯进行覆盖，控制泄漏区域面积增大，减缓丙烯的挥发。

10.6.2 疏散与警戒

（1）在事故单位前期疏散人员情况的基础上，进一步强制滞留人员远离污染现场，在泄漏区域及扩散可能涉及范围内除救援人员外，其他人员一律强制疏散隔离到区域之外。

（2）气防站(或特勤)指挥员要立即开展对泄漏污染区域的检测工作，根据检测的结果，在事故单位原有警戒线的位置，以泄漏浓度值为爆炸下限的20%为标准确定警戒范围。以检测结果划分重危区、轻危区、安全区，引导公司负责警戒部门扩大警戒范围，合理设置出入口，严格控制进入警戒区特别是重危区的人员、车辆、物资。

（3）根据有关专业部门检测情况，支队随时调整进攻力量部署以及警戒位置。

10.6.3 禁绝火源

事故区域各种使用的电源、火源要全部切断，停止使用，禁止和消除警戒区内一切能引起燃烧爆炸的火焰条件。凡是进入现场人员一律不得使用移动电话，非防爆通信设备、照明设备。各级指挥员首先要对进入现场的战斗人员进行检查，所有以上所列的物品不得带入现场。

10.6.4 个人防护

（1）凡是在前段下风或距泄漏点最近的方向执行堵截与稀释任务的战斗人员，必须按照要求穿着重型防化服、轻便防化服，佩戴空气呼吸器。

（2）凡是在中段执行下风或距泄漏点最近的方向任务的战斗人员，必须穿着轻便防化服，佩戴空气呼吸器。

（3）在后段执行任务的战斗人员，可由现场指挥员依据实际情况酌定。

10.6.5 消防救生小组

由气防站(或特勤)组成救护小组，担负现场救生任务，救

生人员必须穿着防化服，佩戴空气呼吸器，携带救生器材进入警界区域之内，采取正确的救助方式，将遇险人员转移至安全区，对救出的人员进行登记、标识和现场简单的救治处理，并送交医疗急救部门。

10.6.6　处置论证

支(中)队组织事故单位、安环部、生产部、设备部等相关部门技术人员或专家判断事故状况，提供技术支持，制定抢险救援方案。切断火源。尽可能切断泄漏源。用工业覆盖层或吸附/吸收剂盖住泄漏点附近的下水道等地方，防止气体进入。合理通风，加速扩散。喷雾状水稀释、溶解。构筑围堤或挖坑收容产生的大量废水。如有可能，将漏出气用排风机送至空旷地方或装设适当喷头烧掉。漏气容器要妥善处理，修复、检验后再用。

10.6.7　现场水源供给

支(中)队制定统一供水方案，选定前、后方水源，调集高效的供水车辆和装备，采取远距离的供水方法，保证一线用水。

10.6.8　稀释降毒

(1) 启用现场单位的水喷淋等固定设施、蒸汽设施、固定炮的消防设施。

(2) 使用泡沫管枪、多功能水枪、喷雾水枪、自动移动炮等专用消防设备，以泄漏点为中心，设置水幕、蒸汽幕或铺设水幕水带，进行稀释降毒，采用雾状射流形成水幕，防止泄漏的丙烯向重要部位或危险源扩散。

10.6.9　处置程序(关阀堵漏)

(1) 生产装置或管道发生泄漏，阀门尚未破坏时，可协助技术人员或在技术人员指导下，使用喷雾水枪掩护，关闭阀门，制止泄漏。

(2) 罐体、管道、阀门、法兰泄漏，作战人员要积极配合、掩护公司专业堵漏部门实施堵漏。

10.6.10　输转倒罐

（1）使用防爆型的通风系统和设备。防止气体泄漏到工作场所空气中。避免与氧化剂、酸类、接触。搬运时轻装轻卸，防止钢瓶及附件破损。

（2）在确保现场安全的条件下，利用车载式或移动式防爆泵直接向外部罐车倒罐，防爆泵倒罐可分为现场倒罐和异地倒罐两种，灌装时应控制流速，且有接地装置，防止静电积聚。作业区环境丙烯浓度必须低于爆炸下限60%时，方可采用实施倒罐。

（3）惰性气体置换，通过气相阀，向槽车或容器有控制地释放氮气等惰性气体，将丙烯置换到其他容器储罐。

（4）利用压力差倒罐，利用水平落差产生的自然压力将事故罐的物料导入其他储罐容器或槽车，降低危险程度。

（5）实施倒罐作业时，管线、设备必须做到良好接地，否则决不允许实施倒罐。

10.6.11　化学中和

溶解性：溶于水、乙醇。防止进入下水道、排洪沟等限制性空间。

10.6.12　洗消处理

（1）在危险区和安全区交界处设立洗消站。

（2）洗消对象：轻度中毒人员、重度中毒人员在送医院治疗之前、现场的各级人员以及抢险救援器材装备。

（3）洗消方法：物理洗消法，即用吸附垫、活性炭等具有吸附能力的物质，吸附回收后转移处理，对染毒空气可用排烟机吹散降毒。也可对污染区暂时封闭，喷射雾状水进行稀释。

（4）洗消和处置用水排放必须经过公司环保部门检测，防止二次污染。

10.6.13　后续现场清理

（1）继续使用喷雾水、蒸汽或惰性气体清扫现场内事故设备、罐、管道、低洼、排水沟等处，确保不留残液。

(2) 作战中队结束战斗后要立即清点本队人员是否到齐，收集整理器材装备。

(3) 撤除警戒，做好现场移交，安全撤离。

10.6.14　丙烯泄漏救援处置程序总体要求

(1) 在行动开始之初，指挥员必须观察当天风向，保持与119指挥中心的沟通，所有车辆必须选择上风方向逐渐接近现场，并保持一定距离，停靠在上风方向的适当位置。一线作战使用的水源尽量使用上风方向水源。

(2) 水枪阵地的设置尽量选择上风、侧上风作为进攻路线。选择灭火剂以泡沫为主要处置用剂。

(3) 支(中)队指挥部的设置应在上风方向或设置在警戒区以外，并远离高空管廊。

(4) 一切行动要绝对服从命令，采取的行动要严防引发爆炸，进入危险区域的作战人员要挑选素质好、业务强的队员，要慎重采取行动。

(5) 注意观察救援人员的身体状况，并进行健康跟踪检查。对轻微中毒人员应立即转移到空气新鲜处，对接触毒物的皮肤、面部可用肥皂水或清水冲洗，症状严重者立即送医院治疗。

(6) 丙烯的生产、储存装置发生泄漏事故，主要由公司和事故单位负责处置，消防支(中)队负责协助、掩护。当事故单位不能采取有效措施时，救援人员应在工程技术人员的指导下配合行动，严禁盲目采取行动。

11 丁烷事故救援与处置

丁烷主要用途是用于有机合成和乙烯制造，仪器校正，也用作燃料等。在生产、储存、运输、经营、使用过程中易发生泄漏和爆炸燃烧事故。

11.1 丁烷危害性概述

(1) 危险性类别：第2.1类，易燃气体。

(2) 危险性综述：本品易燃，具窒息性。

(3) 侵入途径：吸入。

(4) 健康危害：高浓度有窒息和麻醉作用。急性中毒：主要症状有头晕、头痛、嗜睡和酒醉状态、严重者可昏迷。慢性影响：接触以丁烷为主的人员有头晕、头痛、睡眠不佳、疲倦等。

(5) 外观与性状：无色气体，有轻微的不愉快气味。

11.2 事故特点

(1) 扩散迅速，危害范围大。丁烷一般以喷射状泄漏，由液相变为气相，体积迅速扩大，形成大面积危险区。

(2) 易发生爆炸燃烧，爆炸下限极低，泄漏后极易与空气形成爆炸混合物，遇火源发生爆炸或燃烧。

(3) 燃烧猛烈，爆炸速度快，爆炸1.5%~8.5%(体积)，闪点为-60℃。

(4) 处置要求高，难度大，发生泄漏的部位及压力等因素各不相同，造成各种危险因素多。

(5) 易燃，与空气混合能形成爆炸性混合物，遇热源和明火有燃烧爆炸的危险。与氧化剂接触猛烈反应。气体比空气重，能在较低处扩散到相当远的地方，遇火源会着火回燃。

（6）灭火方法：切断气源。若不能切断气源，则不允许熄灭泄漏处的火焰。喷水冷却容器，可能的话将容器从火场移至空旷处。灭火剂：雾状水、泡沫、二氧化碳、干粉。

11.3 接警调度

（1）消防支(中)队 119 指挥中心接到丁烷泄漏报警时，重点要询问泄漏容器、地点、时间、部位、强度和范围，是否有人员伤亡和被困。

（2）随时做好与报警单位和报警人员保持联系，充分掌握事态发展变化状况，加强与赶赴现场的责任队指挥员、支(中)队指挥员的沟通与汇报。

（3）指挥中心接警后在调派责任队的同时立即向支(中)队值班领导汇报情况，根据支(中)队值班领导的命令调集增援力量。并向所属公司总调汇报情况。

11.4 现场力量调集

（1）责任中队接到指挥中心指令后，按照管辖区域迅即出动，指挥员要进一步与支(中)队 119 指挥中心了解现场情况，同时观察当日风向，选择上风方向接近现场。

（2）车辆装备的调集主要是支(中)队现有的抢险救援车、气防车、泡沫车、干粉车为主。

（3）消防支(中)队 119 指挥中心在做好力量调集的同时，迅速向公司总调度汇报情况，由公司调集生产部门、安环部门、设备部门、动力部门等相关单位到场协助处置。

11.5 现场处置

11.5.1 侦察检测

（1）责任队到场后首先要将本队车辆置于上风或侧上风方

向，指挥员要视现场初步情况，保持本队与事故地点不小于100~150m的距离。

（2）责任队指挥员要立即向现场的岗位职工、技术人员询问了解情况，根据当日风向、风力，掌握泄漏区域气体浓度和扩散的方向。

（3）查明被困、遇险人员数量、位置，制定好营救路线，组织抢险组做好个人防护工作，深入现场抢救被困遇险人员。

（4）掌握泄漏部位周边毗邻情况，如储罐区则要进一步了解储罐数量、泄漏储罐储存量及邻近罐储量、管线和罐区的总储量。

（5）充分利用现场的消防水源，如果车辆无法接近现场或距现场距离过远，指挥员可以部署战斗力量就近使用消火栓直接供水，出水枪、自动炮或移动炮控制泄漏区域。

11.5.2 疏散与警戒

（1）在事故单位前期疏散人员情况的基础上，进一步强制滞留人员远离现场，在泄漏区域及扩散可能涉及范围内除救援人员外，其他人员一律强制疏散到区域之外。

（2）气防站(或特勤)指挥员要立即开展对泄漏区域的检测工作，根据检测的结果，在事故单位原有警戒线的位置，以泄漏浓度值为爆炸下限的20%为标准确定警戒范围。以检测结果划分重危区、轻危区、安全区，引导公司负责警戒部门扩大警戒范围，合理设置出入口，严格控制进入警戒区特别是重危区的人员、车辆、物资。

（3）根据有关专业部门检测情况，支(中)队随时调整进攻力量部署以及警戒位置。

11.5.3 禁绝火源

事故区域各种使用的电源、火源、高热设备要全部切断，停止使用，落实防静电措施；凡是进入现场人员一律不得使用移动电话，非防爆通信设备、照明设备。各级指挥员首先要对进入现场的战斗人员进行检查，所有以上所列的物资不得带入现场。

11.5.4 个人防护

(1) 凡是在前段下风或距泄漏点最近的方向执行堵截与稀释任务的战斗人员，必须按照要求穿着重型防化服，佩戴空气呼吸器。

(2) 凡是在中段执行下风或距泄漏点最近的方向任务的战斗人员，必须穿着轻便防化服，佩戴空气呼吸器，没有轻便防化服的人员，必须将衣领、袖口、裤口扎严、系紧，防止泄漏气体进入衣服内。

(3) 在后段执行任务的战斗人员，可由现场指挥员依据实际情况酌定。

11.5.5 消防救生小组

由气防站(或特勤)组成救护小组，担负现场救生任务，携带救生器材进入警界区域之内，采取正确的救助方式，将遇险人员转移至安全区，对救出的人员进行登记、标识和现场简单的救治处理，并送交医疗急救部门。

11.5.6 处置论证

支(中)队组织事故单位、安环部、生产部、设备部等相关部门技术人员或专家判断事故状况，提供技术支持，制定抢险救援方案。

11.5.7 现场水源供给

支(中)队制定供水方案，选定前、后方水源，调集高效的供水车辆和装备，采取合理的供水方法，保证一线用水。

11.5.8 稀释堵截防爆

(1) 启用现场单位的水喷淋等固定设施、蒸汽设施、固定炮的消防设施。

(2) 使用多功能水枪、喷雾水枪、自动移动炮等专用消防设备，设置水幕、蒸汽幕或铺设水幕水带，驱散积聚、流动气体，稀释气体浓度，防止形成爆炸性混合物。

(3) 采用雾状射流形成水幕墙，防止气体向重要目标或危险源扩散。

(4) 若泄漏物质成液相沿地面流动时，可采用泡沫进行覆盖，降低其蒸发速度，缩小气云范围。但要注意防止泡沫强力冲击而加快丁烷的挥发速度。

(5) 对于积聚在建筑物和排水沟内的丁烷气体，可打开门窗或排水沟盖板，通过自然通风吹散。同时还可采用防爆机械送风进行驱散。

(6) 禁止使用直流水直接冲击罐体和泄漏部位，以免强水流冲击造成静电积聚、放电引起爆炸。

11.5.9 处置程序(关阀堵漏)

(1) 生产装置或管道发生泄漏，阀门尚未破坏时，可协助技术人员或在技术人员指导下，使用喷雾水枪掩护，关闭阀门，制止泄漏。

(2) 罐体、管道、阀门、法兰泄漏，作战人员要积极配合、掩护公司专业堵漏部门实施堵漏。

(3) 通过球罐液相阀向罐内适量注水，抬高罐内所剩物料的液位，形成罐内底部水垫层，缓解险情，配合堵漏。

(4) 法兰盘、液相管道裂口泄漏，在冬季可采用冻结制漏(冷冻法)，使用麻袋片等织物强行包裹法兰盘泄漏处，然后浇水使其冻冰，从而制止或减少泄漏。

11.5.10 输转倒罐

(1) 在确保现场安全的条件下，利用车载式或移动式烃泵直接向外部罐车倒罐，烃泵倒罐可分为现场倒罐和异地倒罐两种，作业区环境丁烷浓度必须低于爆炸下限60%时，方可采用实施倒罐。

(2) 惰性气体置换，通过气相阀，向槽车或容器有控制地释放氮气等惰性气体，将丁烷置换到其他容器储罐。

（3）压力差倒罐，利用水平落差产生的自然压力将事故罐的物料导入其他储罐容器或槽车，降低危险程度。

（4）实施倒罐作业时，管线、设备必须做到良好接地，否则决不允许实施倒罐。

11.5.11 主动点燃

实施主动点燃，必须具备可靠的点燃条件，在落实严密的安全防范措施时，要缜密研究，制定方案，部署全面，谨慎进行，果断实施。

（1）点燃原则：在容器顶部受损泄漏、堵漏无效时；槽车在人员密集区泄漏，无法转移或堵漏时；泄漏浓度有限(浓度小于爆炸浓度下限30%)、范围较小、无法有效堵漏时；遇有不点燃会带来严重后果，而点燃则导致稳定燃烧，或泄漏量已经减少的情况下，可主动实施点燃措施。但现场气体扩散已达到一定范围，点燃很可能造成大能量爆燃或爆炸，能产生巨大冲击波，危及其他储罐和救援力量及周围群众，造成难以预料后果的，严禁采取点燃措施。

（2）点燃准备：担任掩护和防护的喷雾水枪要达到指定位置，确认危险区人员全部撤离，泄漏点周边区域经检测不在丁烷爆炸浓度范围，使用安全点火工具，并采取正确的点火方法。

（3）点燃时机：在罐顶开口泄漏，一时无法实施堵漏，而气体泄漏的范围和浓度有限，同时有多支水枪或移动炮稀释掩护以及各种防护措施准备就绪的情况下，用点火棒点燃；如罐顶爆裂已经形成稳定燃烧，罐体被冷却保护后罐内压力减小，火焰被风吹灭，或被冷却水流打灭，但还有气体扩散出来，如不再次点燃，仍能造成危害时，应立即组织点燃。

11.5.12 后续现场清理

（1）继续使用喷雾水、蒸汽或惰性气体清扫现场内事故罐、管道、低洼、排水沟等处，确保不留残液(气)。

（2）作战中队结束战斗后要立即清点本队人员是否到齐，

收集整理器材装备。

（3）撤除警戒，做好现场移交，安全撤离。

11.5.13　丁烷泄漏救援处置程序总体要求

（1）在行动开始之初，指挥员必须观察当天风向，保持与119指挥中心的沟通，所有车辆必须选择上风方向接近现场，停靠在上风方向的适当位置。进入危险区的车辆必须配有防火帽。尽量使用上风方向水源，在危险区内开启消火栓的时候消火栓扳子一定要使用织物包裹起来，方可开启，防止铁物撞击产生火花。

（2）水枪阵地的设置尽量选择上风、侧上风作为进攻路线。

（3）支(中)队指挥部的设置应在上风方向或设置在警戒区以外，并远离高空管廊。

（4）一切行动要绝对服从命令，采取的行动要严防引发爆炸，进入危险区域的作战人员要挑选素质好、业务强的队员，如遇雷电天气，要慎重采取行动。

（5）丁烷的生产、储存装置发生泄漏事故，主要由公司和事故单位负责处置，消防支(中)队负责协助、掩护。当事故单位不能采取有效措施时，救援人员应在工程技术人员的指导下配合行动，严禁盲目采取行动。

12 二氧化硫事故救援与处置

二氧化硫主要用途是用于生产三氧化硫、硫酸、亚硫酸盐、硫代硫酸盐，用作棉纶、染料、合成洗涤剂等有机合成工业的原料，还可以用作冷冻剂、防腐剂等。在生产、储存、运输、经营、使用过程中易发生泄漏事故。

12.1 二氧化硫危害性概述

（1）危险性类别：第2.3类，有毒气体。

（2）危险性综述：本品不燃，有毒，具强刺激性，对大气可造成严重污染。

（3）侵入途径：吸入。

（4）健康危害：易被湿润的黏膜表面吸收生成亚硫酸、硫酸。对眼及呼吸道黏膜有强烈的刺激作用。大量吸入可引起肺水肿、喉水肿、声带痉挛而致窒息。急性中毒：轻度中毒时，发生流泪、畏光、咳嗽，咽、喉灼痛等；严重中毒可在数小时内发生肺水肿；极高浓度吸入可引起反射性声门痉挛而致窒息。皮肤或眼接触发生炎症或灼伤。慢性影响：长期低浓度接触，可有头痛、头昏、乏力等全身症状以及慢性鼻炎、咽喉炎、支气管炎、嗅觉及味觉减退等。少数工人有牙齿酸蚀症。

（5）外观与性状：无色气体，特臭。

12.2 事故特点

（1）本品不燃。若遇高热，容器内压增大，有开裂和爆炸的危险。

（2）处置要求高，难度大，发生泄漏的部位及压力等因素各不相同，造成各种危险因素多。

(3) 切断气源。喷水冷却容器，可能的话将容器从火场移至空旷处。消防人员必须佩戴过滤式防毒面具(全面罩)或隔离式呼吸器、穿全身防火防毒服，在上风向灭火。

(4) 使用的处置灭火剂为：雾状水、泡沫、二氧化碳。

12.3 接警调度

(1) 消防支(中)队119指挥中心接到二氧化硫泄漏报警时，重点要询问泄漏容器、地点、时间、部位、强度和范围，是否有人员伤亡和被困。

(2)随时做好与报警单位和报警人员保持联系，充分掌握事态发展变化状况，加强与赶赴现场的责任队指挥员、支队指挥员的沟通与汇报。

(3) 指挥中心接警后在调派责任队的同时立即向支(中)队值班领导汇报情况，根据支(中)队值班领导的命令调集增援力量。并向所属公司总调度汇报情况。

12.4 现场力量调集

(1) 责任中队接到指挥中心指令后，按照管辖区域迅即出动，指挥员要进一步与支(中)队119指挥中心了解现场情况，同时观察当日风向，选择上风方向接近现场。

(2) 车辆装备的调集主要是支(中)队现有的抢险救援车、气防车、泡沫车、干粉车为主。

(3) 消防支(中)队119指挥中心在做好力量调集的同时，迅速向公司总调度汇报情况，由公司调集生产部门、安环部门、设备部门、动力部门等相关单位到场协助处置。

12.5 现场处置

12.5.1 侦察检测

(1) 责任队到场后首先要将本队车辆置于上风或侧上风方

向，指挥员要视现场初步情况，保持本队与事故地点不小于150~450m的距离。

(2) 责任队指挥员要立即向现场的岗位职工、技术人员询问了解情况，根据当日风向、风力，掌握泄漏区域气体浓度和扩散的方向。

(3) 查明被困、遇险人员数量、位置，制定好营救路线，组织抢险组做好个人防护工作，深入现场抢救被困遇险人员。

(4) 掌握泄漏部位周边毗邻情况，如储罐区则要进一步了解储罐数量、泄漏储罐储存量及邻近罐储量、管线和罐区的总储量。

(5) 充分利用现场的消防水源，如果车辆无法接近现场或距现场距离过远，指挥员可以部署战斗力量就近使用消火栓直接供水，出水枪、自动炮或移动炮控制泄漏区域。禁止将水注入容器内。

(6) 从上风处进入现场。尽可能切断泄漏源。用工业覆盖层或吸附/吸收剂盖住泄漏点附近的下水道等地方，防止气体进入。

(7) 合理通风，加速扩散。喷雾状水稀释、溶解。构筑围堤或挖坑收容产生的大量废水。如有可能，用一捉捕器使气体通过次氯酸钠溶液。漏气容器要妥善处理，修复、检验后再用。

12.5.2 疏散与警戒

(1) 在事故单位前期疏散人员情况的基础上，进一步强制滞留人员远离现场，在泄漏区域及扩散可能涉及范围内除救援人员外，其他人员一律强制疏散到区域之外。

(2) 气防站(或特勤)指挥员要立即开展对泄漏区域的检测工作，根据检测的结果，在事故单位原有警戒线的位置，以泄漏浓度值为爆炸的下限为标准确定警戒范围。以检测结果划分重危区、轻危区、安全区，引导公司负责警戒部门扩大警戒范围，合理设置出入口，严格控制进入警戒区特别是重危区的人员、车辆、物资。

(3) 根据有关专业部门检测情况，支队随时调整进攻力量部署以及警戒位置。

12.5.3 禁绝火源

事故区域各种使用的电源、火源、高热设备要全部切断，停止使用，落实防静电措施；凡是进入现场人员一律不得使用移动电话，非防爆通信设备、照明设备。各级指挥员首先要对进入现场的战斗人员进行检查，所有以上所列的物资不得带入现场。

12.5.4 个人防护

(1) 凡是在前段下风或距泄漏点最近的方向执行堵截与稀释任务的战斗人员，必须按照要求穿着重型防化服，佩戴空气呼吸器。

(2) 凡是在中段执行下风或距泄漏点最近的方向任务的战斗人员，必须穿着轻便防化服，佩戴空气呼吸器。

(3) 在后段执行任务的战斗人员，可由现场指挥员依据实际情况酌定。

12.5.5 消防救生小组

由气防站(或特勤)组成救护小组，担负现场救生任务，携带救生器材进入警界区域之内，采取正确的救助方式，将遇险人员转移至安全区，对救出的人员进行登记、标识和现场简单的救治处理，并送交医疗急救部门。

12.5.6 处置论证

支(中)队组织事故单位、安环部、生产部、设备部等相关部门技术人员或专家判断事故状况，提供技术支持，制定抢险救援方案。

12.5.7 现场水源供给

支(中)队制定供水方案，选定前、后方水源，调集高效的供水车辆和装备，采取合理的供水方法，保证一线用水。

12.5.8 稀释堵截

(1) 启用现场单位的水喷淋等固定设施、蒸汽设施、固定炮的消防设施。

(2) 使用多功能水枪、喷雾水枪、自动移动炮等专用消防设备，设置水幕、蒸汽幕或铺设水幕水带，驱散积聚、流动气体，稀释有毒气体浓度。

(3) 采用雾状射流形成水幕墙，防止气体向重要目标或危险源扩散。

(4) 对于积聚在建筑物和排水沟内的二氧化硫气体，可打开门窗或排水沟盖板，通过自然通风吹散。同时还可采用防爆机械送风进行驱散。

(5) 如装有二氧化硫的容器或钢瓶突然发出异常声音或发生异常现象，立即撤离。

12.5.9 处置程序(关阀堵漏)

(1) 生产装置或管道发生泄漏，阀门尚未破坏时，可协助技术人员或在技术人员指导下，使用喷雾水枪掩护，关闭阀门，制止泄漏。

(2) 罐体、管道、阀门、法兰泄漏，作战人员要积极配合、掩护公司专业堵漏部门实施堵漏。

12.5.10 后续现场清理

(1) 继续使用喷雾水、蒸汽或惰性气体清扫现场内事故罐、管道、低洼、排水沟等处，确保不留残气。

(2) 作战中队结束战斗后要立即清点本队人员是否到齐，收集整理器材装备。

(3) 撤除警戒，做好现场移交，安全撤离。

12.5.11 二氧化硫泄漏救援处置程序总体要求

(1) 在行动开始之初，指挥员必须观察当天风向，保持与119 指挥中心的沟通，所有车辆必须选择上风方向接近现场，停靠在上风方向的适当位置。尽量使用上风方向水源。

（2）水枪阵地的设置尽量选择上风、侧上风作为进攻路线，使用喷雾控制稀释泄漏物。

（3）支(中)队指挥部的设置应在上风方向或设置在警戒区以外。

（4）一切行动要绝对服从命令，采取的行动要严防引发爆炸，进入危险区域的作战人员要挑选素质好、业务强的队员，要慎重采取行动。

（5）二氧化硫的生产、储存装置发生泄漏事故，主要由公司和事故单位负责处置，消防支(中)队负责协助、掩护。当事故单位不能采取有效措施时，救援人员应在工程技术人员的指导下配合行动，严禁盲目采取行动。

13 氯化氢事故救援与处置

氯化氢主要用途是用于制染料、香料、药物、各种氯化物及腐蚀抑制剂等。在生产、储存、运输、经营、使用过程中易发生泄漏事故。

13.1 氯化氢危害性概述

（1）危险性类别：第2.2类，不燃气体。

（2）危险性综述：本品不燃，具强刺激性，对环境有危害，对水体可造成污染。

（3）侵入途径：吸入。

（4）健康危害：本品对眼和呼吸道黏膜有强烈的刺激作用。急性中毒：出现头痛、头昏、恶心、眼痛、咳嗽、痰中带血、声音嘶哑、呼吸困难、胸闷、胸痛等。重者发生肺炎、肺水肿、肺不张。眼角膜可见溃疡或浑浊。皮肤直接接触可出现大量粟粒样红色小丘疹而呈潮红痛热。慢性影响：长期较高浓度接触，可引起慢性支气管炎、胃肠功能障碍及牙齿酸蚀症。

（5）外观与性状：无色有刺激性气味的气体。

13.2 事故特点

（1）本品不燃，无水氯化氢无腐蚀性，但遇水时有强腐蚀性。能与一些活性金属粉末发生反应，放出氢气。遇氰化物能产生剧毒的氰化氢气体。

（2）本品虽不燃，但与其他物品接触引起火灾时，消防人员须穿戴全身防护服，关闭火场中钢瓶的阀门，减弱火势，并用水喷淋保护去关闭阀门的人员。喷水冷却容器，可能的话将容器从火场移至空旷处。

(3) 切断气源，喷水冷却容器。可能的话将容器从火场移至空旷处。消防人员必须佩戴过滤式防毒面具(全面罩)或隔离式呼吸器、穿全身防火防毒服，在上风向灭火。

(4) 使用的处置灭火剂可为雾状水、泡沫、二氧化碳。在高浓度泄漏区域可使用碳酸氢钠稀碱液进行中和喷洒。

13.3 接警调度

(1) 消防支(中)队119指挥中心接到氯化氢泄漏报警时，重点要询问泄漏容器、地点、时间、部位、强度和范围，是否有人员伤亡和被困。

(2) 随时做好与报警单位和报警人员保持联系，充分掌握事态发展变化状况，加强与赶赴现场的责任队指挥员、支队指挥员的沟通与汇报。

(3) 指挥中心接警后在调派责任队的同时立即向支(中)队值班领导汇报情况，根据支(中)队值班领导的命令调集增援力量。并向所属公司总调度汇报情况。

13.4 现场力量调集

(1) 责任中队接到指挥中心指令后，按照管辖区域迅即出动，指挥员要进一步与支队119指挥中心了解现场情况，同时观察当日风向，选择上风方向接近现场。

(2) 车辆装备的调集主要是支(中)队现有的抢险救援车、气防车、泡沫车、干粉车为主。

(3) 消防支(中)队119指挥中心在做好力量调集的同时，迅速向公司总调度汇报情况，由公司调集生产部门、安环部门、设备部门、动力部门等相关单位到场协助处置。

13.5 现场处置

13.5.1 侦察检测

（1）责任队到场后首先要将本队车辆置于上风或侧上风方向，指挥员要视现场初步情况，保持本队与事故地点小泄漏时隔离150m，大泄漏时隔离300m，严格限制出入。

（2）责任队指挥员要立即向现场的岗位职工、技术人员询问了解情况，根据当日风向、风力，掌握泄漏区域气体浓度和扩散的方向。

（3）查明被困、遇险人员数量、位置，制定好营救路线，组织抢险组做好个人防护工作，深入现场抢救被困遇险人员。

（4）掌握泄漏部位周边毗邻情况，如储罐区则要进一步了解储罐数量、泄漏储罐储存量及邻近罐储量、管线和罐区的总储量。

（5）充分利用现场的消防水源，如果车辆无法接近现场或距现场距离过远，指挥员可以部署战斗力量就近使用消火栓直接供水，出水枪、自动炮或移动炮控制泄漏区域。禁止将水注入容器内。

（6）切断泄漏源。合理通风，加速扩散。喷氨水或其他稀碱液中和。构筑围堤或挖坑收容产生的大量废水。如有可能，将残余气或漏出气用排风机送至水洗塔或与塔相连的通风橱内。漏气容器要妥善处理，修复、检验后再用。

13.5.2 疏散与警戒

（1）在事故单位前期疏散人员情况的基础上，进一步强制滞留人员远离现场，在泄漏区域及扩散可能涉及范围内除救援人员外，其他人员一律强制疏散到区域之外。

（2）气防站（或特勤）指挥员要立即开展对泄漏区域的检测工作，根据检测的结果，在事故单位原有警戒线的位置，以泄漏浓度值为爆炸的下限为标准确定警戒范围。以检测结果划分重危区、轻危区、安全区，引导公司负责警戒部门扩大警戒范围，合理设置出入口，严格控制进入警戒区特别是重危区的人员、车辆、物资。

(3) 根据有关专业部门检测情况，支队随时调整进攻力量部署以及警戒位置。

13.5.3 禁绝火源

事故区域各种使用的电源、火源、高热设备要全部切断，停止使用，落实防静电措施；凡是进入现场人员一律不得使用移动电话，非防爆通信设备、照明设备。各级指挥员首先要对进入现场的战斗人员进行检查，所有以上所列的物资不得带入现场。

13.5.4 个人防护

(1) 凡是在前段下风或距泄漏点最近的方向执行堵截与稀释任务的战斗人员，必须按照要求穿着重型防化服，佩戴空气呼吸器。

(2) 凡是在中段执行下风或距泄漏点最近的方向任务的战斗人员，必须穿着轻便防化服，佩戴空气呼吸器。

(3) 在后段执行任务的战斗人员，可由现场指挥员依据实际情况酌定。

13.5.5 消防救生小组

由气防站(或特勤)组成救护小组，担负现场救生任务，携带救生器材进入警界区域之内，采取正确的救助方式，将遇险人员转移至安全区，对救出的人员进行登记、标识和现场简单的救治处理，并送交医疗急救部门。

13.5.6 处置论证

支(中)队组织事故单位、安环部、生产部、设备部等相关部门技术人员或专家判断事故状况，提供技术支持，制定抢险救援方案。

13.5.7 现场水源供给

支(中)队制定供水方案，选定前、后方水源，调集高效的

供水车辆和装备，采取合理的供水方法，保证一线用水。

13.5.8 稀释堵截

（1）启用现场单位的水喷淋等固定设施、蒸汽设施、固定炮的消防设施。

（2）使用多功能水枪、喷雾水枪、自动移动炮等专用消防设备，设置水幕、蒸汽幕或铺设水幕水带，驱散积聚、流动气体，稀释有毒气体浓度。但禁止向该物质直接注水。

（3）采用雾状射流形成水幕墙，防止气体向重要目标或危险源扩散。

（4）由于该物质的气体比空气重，对于积聚在建筑物和排水沟内的氯化氢，可打开门窗或排水沟盖板，通过自然通风吹散。同时还可采用防爆机械送风进行驱散。

（5）如装有氯化氢的容器或钢瓶突然发出异常声音或发生异常现象，立即撤离。

13.5.9 处置程序(关阀堵漏)

（1）生产装置或管道发生泄漏，阀门尚未破坏时，可协助技术人员或在技术人员指导下，使用喷雾水枪掩护，关闭阀门，制止泄漏。

（2）罐体、管道、阀门、法兰泄漏，作战人员要积极配合、掩护公司专业堵漏部门实施堵漏。

13.5.10 后续现场清理

（1）继续使用喷雾水、蒸汽或惰性气体清扫现场内事故罐、管道、低洼、排水沟等处，确保不留残气。

（2）作战中队结束战斗后要立即清点本队人员是否到齐，收集整理器材装备。

（3）撤除警戒，做好现场移交，安全撤离。

13.5.11 氯化氢泄漏救援处置程序总体要求

（1）在行动开始之初，指挥员必须观察当天风向，保持与119指挥中心的沟通，所有车辆必须选择上风方向接近现场，停靠在上风方向的适当位置。尽量使用上风方向水源。

(2) 水枪阵地的设置尽量选择上风、侧上风作为进攻路线，使用喷雾控制稀释泄漏物。绝对禁止向氯化氢注水。

(3) 支(中)队指挥部的设置应在上风方向或设置在警戒区以外。

(4) 一切行动要绝对服从命令，采取的行动要严防引发爆炸，进入危险区域的作战人员要挑选素质好、业务强的队员，要慎重采取行动。

(5) 氯化氢的生产、储存装置发生泄漏事故，主要由公司和事故单位负责处置，消防支(中)队负责协助、掩护。当事故单位不能采取有效措施时，救援人员应在工程技术人员的指导下配合行动，严禁盲目采取行动。

14　氯乙烯事故救援与处置

氯乙烯主要用途是用作塑料原料及用于有机合成，也用作冷冻剂等。在生产、储存、运输、经营、使用过程中易发生泄漏和爆炸燃烧事故。

14.1　氯乙烯危害性概述

（1）危险性类别：第2.1类，易燃气体。

（2）危险性综述：本品易燃，为致癌物，氯乙烯在环境中能参与光化学烟雾反应。

（3）侵入途径：吸入。

（4）健康危害：急性毒性表现为麻醉作用；长期接触可引起氯乙烯病。急性中毒：轻度中毒时病人出现眩晕、胸闷、嗜睡、步态蹒跚等；严重中毒可发生昏迷、抽搐，甚至造成死亡。皮肤接触氯乙烯液体可致红斑、水肿或坏死。慢性中毒：表现为神经衰弱综合征、肝肿大、肝功能异常、消化功能障碍、雷诺氏现象及肢端溶骨症。皮肤可出现干燥、皲裂、脱屑、湿疹等。本品为致癌物，可致肝血管肉瘤。

（5）外观与性状：无色、有醚样气味的气体。

14.2　事故特点

（1）扩散迅速，危害范围大。氯乙烯一般以喷射状泄漏，由液相变为气相，体积迅速扩大，形成大面积危险区。

（2）易发生爆炸燃烧，爆炸下限极低，其蒸气比空气重，泄漏后极易与空气形成爆炸混合物，遇火源发生爆炸或燃烧。

（3）燃烧猛烈、速度快，爆炸极限为3.6%~31.0%（体积）。

(4) 处置要求高，难度大，发生泄漏的部位及压力等因素各不相同，造成各种危险因素多。

(5) 易燃，与空气混合能形成爆炸性混合物。遇热源和明火有燃烧爆炸的危险。燃烧或无抑制剂时可发生剧烈聚合。气体比空气重，能在较低处扩散到相当远的地方，遇火源会着火回燃。

(6) 灭火方法：切断气源。若不能切断气源，则不允许熄灭泄漏处的火焰。喷水冷却容器，可能的话将容器从火场移至空旷处。灭火剂：雾状水、泡沫、二氧化碳。

14.3 接警调度

(1) 消防支(中)队 119 指挥中心接到氯乙烯泄漏报警时，重点要询问泄漏容器、地点、时间、部位、强度和范围，是否有人员伤亡和被困。

(2) 随时做好与报警单位和报警人员保持联系，充分掌握事态发展变化状况，加强与赶赴现场的责任队指挥员、支(中)队指挥员的沟通与汇报。

(3) 指挥中心接警后在调派责任队的同时立即向支(中)队值班领导汇报情况，根据支(中)队值班领导的命令调集增援力量。并向所属公司总调汇报情况。

14.4 现场力量调集

(1) 责任中队接到指挥中心指令后，按照管辖区域迅即出动，指挥员要进一步与支队 119 指挥中心了解现场情况，同时观察当日风向，选择上风方向接近现场。

(2) 车辆装备的调集主要是支(中)队现有的抢险救援车、气防车、泡沫车、干粉车为主。

(3) 消防支(中)队 119 指挥中心在做好力量调集的同时，

迅速向公司总调度汇报情况，由公司调集生产部门、安环部门、设备部门、动力部门等相关单位到场协助处置。

14.5 现场处置

14.5.1 侦察检测

(1) 责任队到场后首先要将本队车辆置于上风或侧上风方向，指挥员要视现场初步情况，保持本队与事故地点不小于150~300m 的距离。

(2) 责任队指挥员要立即向现场的岗位职工、技术人员询问了解情况，根据当日风向、风力，掌握泄漏区域气体浓度和扩散的方向。

(3) 查明被困、遇险人员数量、位置，制定好营救路线，组织抢险组做好个人防护工作，深入现场抢救被困遇险人员。

(4) 掌握泄漏部位周边毗邻情况，如储罐区则要进一步了解储罐数量、泄漏储罐储存量及邻近罐储量、管线和罐区的总储量。

(5) 充分利用现场的消防水源，如果车辆无法接近现场或距现场距离过远，指挥员可以部署战斗力量就近使用消火栓直接供水，出水枪、自动炮或移动炮控制泄漏区域。

14.5.2 疏散与警戒

(1) 在事故单位前期疏散人员情况的基础上，进一步强制滞留人员远离现场，在泄漏区域及扩散可能涉及范围内除救援人员外，其他人员一律强制疏散到区域之外。

(2) 气防站(或特勤)指挥员要立即开展对泄漏区域的检测工作，根据检测的结果，在事故单位原有警戒线的位置，以泄漏浓度值为爆炸下限的20%为标准确定警戒范围。以检测结果划分重危区、轻危区、安全区，引导公司负责警戒部门扩大警戒范围，合理设置出入口，严格控制进入警戒区特别是重危区的人员、车辆、物资。

(3) 根据有关专业部门检测情况，支队随时调整进攻力量部署以及警戒位置。

14.5.3 禁绝火源

事故区域各种使用的电源、火源、高热设备要全部切断，停止使用，落实防静电措施；凡是进入现场人员一律不得使用移动电话，非防爆通信设备、照明设备。各级指挥员首先要对进入现场的战斗人员进行检查，所有以上所列的物资不得带入现场。

14.5.4 个人防护

(1) 凡是在前段下风或距泄漏点最近的方向执行堵截与稀释任务的战斗人员，必须按照要求穿着重型防化服，佩戴空气呼吸器。

(2) 凡是在中段执行下风或距泄漏点最近的方向任务的战斗人员，必须穿着轻便防化服，佩戴空气呼吸器，没有轻便防化服的人员，必须要将衣领、袖口、裤口扎严、系紧，防止泄漏气体进入衣服内。

(3) 在后段执行任务的战斗人员，可由现场指挥员依据实际情况酌定。

14.5.5 消防救生小组

由气防站(或特勤)组成救护小组，担负现场救生任务，携带救生器材进入警界区域之内，采取正确的救助方式，将遇险人员转移至安全区，对救出的人员进行登记、标识和现场简单的救治处理，并送交医疗急救部门。

14.5.6 处置论证

支(中)队组织事故单位、安环部、生产部、设备部等相关部门技术人员或专家判断事故状况，提供技术支持，制定抢险救援方案。

14.5.7 现场水源供给

支(中)队制定供水方案，选定前、后方水源，调集高效的

供水车辆和装备，采取合理的供水方法，保证一线用水。

14.5.8　稀释堵截防爆

(1) 启用现场单位的水喷淋等固定设施、蒸汽设施、固定炮的消防设施。

(2) 使用多功能水枪、喷雾水枪、自动移动炮等专用消防设备，设置水幕、蒸汽幕或铺设水幕水带，驱散积聚、流动气体，稀释气体浓度，防止形成爆炸性混合物。

(3) 采用雾状射流形成水幕墙，防止气体向重要目标或危险源扩散。

(4) 若泄漏物质成液相沿地面流动时，可采用泡沫进行覆盖，降低其蒸发速度，缩小气云范围。但要注意防止泡沫强力冲击而加快氯乙烯的挥发速度。

(5) 对于积聚在建筑物和排水沟内的氯乙烯气体，可打开门窗或排水沟盖板，通过自然通风吹散。同时还可采用防爆机械送风进行驱散。

(6) 禁止使用直流水直接冲击罐体和泄漏部位，以免强水流冲击造成静电积聚、放电引起爆炸。

14.5.9　处置程序(关阀堵漏)

(1) 生产装置或管道发生泄漏，阀门尚未破坏时，可协助技术人员或在技术人员指导下，使用喷雾水枪掩护，关闭阀门，制止泄漏。

(2) 罐体、管道、阀门、法兰泄漏，作战人员要积极配合、掩护公司专业堵漏部门实施堵漏。

(3) 通过球罐液相阀向罐内适量注水，抬高罐内所剩物料的液位，形成罐内底部水垫层，缓解险情，配合堵漏。

(4) 法兰盘、液相管道裂口泄漏，在冬季可采用冻结制漏(冷冻法)，使用麻袋片等织物强行包裹法兰盘泄漏处，然后浇水使其冻冰，从而制止或减少泄漏。

14.5.10　输转倒罐

(1) 在确保现场安全的条件下，利用车载式或移动式烃泵直接向外部罐车倒罐，倒罐可分为现场倒罐和异地倒罐两种，作业区环境氯乙烯浓度必须低于爆炸下限60%时，方可采用实施倒罐。

（2）惰性气体置换，通过气相阀，向槽车或容器有控制地释放氮气等惰性气体，将氯乙烯置换到其他容器储罐。

（3）压力差倒罐，利用水平落差产生的自然压力将事故罐的物料导入其他储罐容器或槽车，降低危险程度。

（4）实施倒罐作业时，管线、设备必须做到良好接地，否则决不允许实施倒罐。

14.5.11 主动点燃

实施主动点燃，必须具备可靠的点燃条件，在落实严密的安全防范措施时，要缜密研究，制定方案，部署全面，谨慎进行，果断实施。

（1）点燃原则：在容器顶部受损泄漏、堵漏无效时；槽车在人员密集区泄漏，无法转移或堵漏时；泄漏浓度有限（浓度小于爆炸浓度下限30%）、范围较小、无法有效堵漏时；遇有不点燃会带来严重后果，而点燃则导致稳定燃烧，或泄漏量已经减少的情况下，可主动实施点燃措施。但现场气体扩散已达到一定范围，点燃很可能造成大能量爆燃或爆炸，能产生巨大冲击波，危及其他储罐和救援力量及周围群众，造成难以预料后果的，严禁采取点燃措施。

（2）点燃准备：担任掩护和防护的喷雾水枪要达到指定位置，确认危险区人员全部撤离，泄漏点周边区域经检测不在氯乙烯爆炸浓度范围，使用安全点火工具，并采取正确的点火方法。

（3）点燃时机：在罐顶开口泄漏，一时无法实施堵漏，而气体泄漏的范围和浓度有限，同时有多支水枪或移动炮稀释掩护以及各种防护措施准备就绪的情况下，用点火棒点燃；如罐顶爆裂已经形成稳定燃烧，罐体被冷却保护后罐内压力减小，火焰被风吹灭，或被冷却水流打灭，但还有气体扩散出来，如不再次点燃，仍能造成危害时，应立即组织点燃。

14.5.12 后续现场清理

(1) 继续使用喷雾水、蒸汽或惰性气体清扫现场内事故罐、管道、低洼、排水沟等处，确保不留残液(气)。

(2) 作战中队结束战斗后要立即清点本队人员是否到齐，收集整理器材装备。

(3) 撤除警戒，做好现场移交，安全撤离。

14.5.13 氯乙烯泄漏救援处置程序总体要求

(1) 在行动开始之初，指挥员必须观察当天风向，保持与119 指挥中心的沟通，所有车辆必须选择上风方向接近现场，停靠在上风方向的适当位置。进入危险区的车辆必须配有防火帽。尽量使用上风方向水源，在危险区内开启消火栓的时候消火栓扳子一定要使用织物包裹起来，方可开启，防止铁物撞击产生火花。

(2) 水枪阵地的设置尽量选择上风、侧上风作为进攻路线。

(3) 支(中)队指挥部的设置应在上风方向或设置在警戒区以外，并远离高空管廊。

(4) 一切行动要绝对服从命令，采取的行动要严防引发爆炸，进入危险区域的作战人员要挑选素质好、业务强的队员，如遇雷电天气，要慎重采取行动。

(5) 氯乙烯的生产、储存装置发生泄漏事故，主要由公司和事故单位负责处置，消防支(中)队负责协助、掩护。当事故单位不能采取有效措施时，救援人员应在工程技术人员的指导下配合行动，严禁盲目采取行动。

15 天然气泄漏事故救援与处置

天然气作为一种重要的化工原料，主要用于民用燃料、锅炉燃料或制氢、甲醇、炭黑等的原料。同时湿气可作裂解原料，制取乙烯、丙烯，还可从中回收凝析汽油。在生产、储存、运输、使用过程中发生泄漏，极易发生燃烧爆炸和中毒事故，造成人员伤亡。

15.1 天然气危害性概述

(1) 危险性类别：第2.1类，易燃气体。

(2) 危险性综述：本品易燃。

(3) 侵入途径：吸入。

(4) 健康危害：吸入后可引起急性中毒。轻者出现头疼、头昏、胸闷、呕吐、乏力等。重者出现昏迷、口唇紫绀、抽搐。部分中毒者出现心律失常。皮肤接触液化气体可引起冻伤。

(5) 外观与性状：无色气体，当混有硫化氢时，有强烈的刺鼻臭味，不溶于水。

15.2 事故特点

(1) 扩散迅速，危害范围大。天然气泄漏后，易形成大面积扩散区。

(2) 易燃烧，天然气能与空气混合能形成爆炸性混合物。遇热源和明火即爆炸的危险。

(3) 天然气在室内使用和储存时，漏气上升滞留屋顶不易排出，遇火星会引起爆炸。

(4) 天然气的爆炸极限为5%~15%(体积)，最大爆炸压力为0.720MPa。

(5) 由于天然气属于惰性气体，处置难度相对较大。发生泄漏的部位及压力等因素各不相同，处置要求高，难度大。

(6) 天然气的溶解性：不溶于水。

(7) 切断泄漏蒸气源。若不能切断气源，则不允许熄灭泄漏处的火焰。喷水冷却容器，可能的话将容器从火场移至空旷处。灭火剂为雾状水、泡沫、干粉、二氧化碳。

15.3 急救措施

吸入：迅速脱离现场至空气新鲜处。保持呼吸道通畅。如呼吸困难，给输氧。如呼吸停止，立即进行人工呼吸。就医。

15.4 接警调度

(1) 消防支(中)队119指挥中心接到天然气泄漏报警时，重点要询问泄漏容器、地点、时间、部位、强度和范围，是否有人员伤亡和被困。如遇居民报警应该及时了解清楚是着火还是泄漏。

(2) 随时做好与报警单位和报警人员保持联系，充分掌握事态发展变化状况，加强与赶赴现场的责任队指挥员、支(中)队指挥员的沟通与汇报。

(3) 指挥中心接警后在调派责任队的同时立即向支(中)队值班领导汇报情况，根据支(中)队值班领导的命令调集增援力量。并向所属公司总调度汇报情况。

15.5 现场力量调集

(1) 责任中队接到指挥中心指令后，按照管辖区域迅即出动，指挥员要进一步与支(中)队119指挥中心了解现场情况，同时观察当日风向，必须选择上风方向接近现场。

(2) 车辆装备的调集主要是支(中)队现有的抢险救援车、气防车、泡沫车、干粉车、水罐车为主。同时根据现场情况调集支(中)队储备的空气呼吸器、防护服、避火服，如遇有紧急情况请求总调调集各生产单位空气呼吸器送往一线。

(3) 消防支(中)队 119 指挥中心在做好力量调集的同时，迅速向公司总调度汇报情况，由公司调集生产部门、安环部门、设备部门、动力部门等相关单位到场协助处置。

15.6 现场处置

15.6.1 侦察检测

(1) 责任队到场后首先要将本队车辆置于上风或侧上风方向，指挥员要视泄漏现场初步情况，在小范围泄漏情况下保持本队与事故地点不小于 150m 的距离；在大范围泄漏情况下保持本队与事故地点不小于 300m 的距离。

(2) 责任队指挥员要立即向现场的岗位职工、技术人员询问了解情况，根据当日风向、风力，掌握泄漏区域氢气的浓度和扩散的方向。

(3) 查明被困、遇险人员数量、位置，制定好营救路线，组织抢险组做好个人防护工作，深入现场抢救被困遇险人员。

(4) 掌握泄漏部位周边毗邻情况，如储罐区则要进一步了解储罐数量、泄漏储罐储存量及邻近罐储量、管线和罐区的总储量。如是居民生活小区，应该了解清楚周围环境，交通情况。驱散聚集的围观人员，如是泄漏应立即与当地派出所、交通部门联系，封锁泄漏区域的一切交通，周围停止动火和断电，防止意外事故发生伤及其他人员。

(5) 充分利用现场的消防水源，消防车辆要远离现场，以串联供水的方式实行远距离供水，指挥员可以部署战斗力量就近使用消火栓直接供水，同时尽量减少一线人员数量，少出水枪，多出自动炮或移动炮(使用人员少的装备)控制泄漏区域。

15.6.2　疏散与警戒

(1) 在事故单位前期疏散人员情况的基础上，进一步强制滞留人员远离泄漏现场，在泄漏区域及扩散可能涉及范围内除救援人员外，其他人员一律强制疏散隔离到区域之外。

(2) 气防站(或特勤)指挥员要立即开展对泄漏污染区域的检测工作，根据检测的结果，在事故单位原有警戒线的位置，以泄漏范围确定警戒。以检测结果划分重危区、轻危区、安全区，引导公司负责警戒部门扩大警戒范围，合理设置出入口，严格控制进入警戒区特别是重危区的人员、车辆、物资。

(3) 根据有关专业部门检测情况，支队随时调整进攻力量部署以及警戒位置。

15.6.3　禁绝火源

事故区域各种使用的电源、火源要全部切断，停止使用，禁止和消除警戒区内一切能引起燃烧爆炸的火焰条件。凡是进入现场人员一律不得使用移动电话，非防爆通信设备、照明设备。各级指挥员首先要对进入现场的战斗人员进行检查，所有以上所列的物品不得带入现场。

15.6.4　个人防护

(1) 凡是在前段下风或距泄漏点最近的方向执行堵截与稀释任务的战斗人员，必须按照要求穿着重型防化服、轻便防化服、避火服，佩戴空气呼吸器，一线作战人员必须戴消防手套。

(2) 凡是在中段执行下风或距泄漏点最近的方向任务的战斗人员，必须穿着轻便防化服，佩戴空气呼吸器。

(3) 在后段执行任务的战斗人员，可由现场指挥员依据实际情况酌定。

15.6.5　消防救生小组

由气防站(或特勤)组成救护小组，担负现场救生任务，救

生人员必须穿着防化服，佩戴空气呼吸器，携带救生器材进入警界区域之内，采取正确的救助方式，将遇险人员转移至安全区，对救出的人员进行登记、标志和现场简单的救治处理，并送交医疗急救部门。

15.6.6 处置论证

支(中)队组织事故单位、安环部、生产部、设备部等相关部门技术人员或专家判断事故状况，提供技术支持，制定抢险救援方案。切断火源。密闭操作，加强通风。操作人员必须经过专门培训，严格遵守操作规程。操作人员穿防静电工作服，远离火种、热源，工作场所严禁吸烟。使用防爆型的通风系统和设备。防止气体泄漏到工作场所空气中。避免与氧化剂、卤素接触。在传送过程中，钢瓶和容器必须接地和跨接，防止产生静电。搬运时轻装轻卸，防止钢瓶及附件破损。

15.6.7 现场水源供给

支(中)队制定统一供水方案，选定前、后方水源，调集高效的供水车辆和装备，采取远距离的供水方法，保证一线用水。

15.6.8 稀释堵截

(1) 启用现场单位的水喷淋等固定设施、蒸汽设施、固定炮的消防设施。

(2) 使用多功能水枪、喷雾水枪、自动移动炮等专用消防设备，以泄漏点为中心，设置水幕、蒸汽幕或铺设水幕水带，进行稀释堵截，采用雾状射流形成水幕，防止泄漏的天然气向重要部位或危险源扩散。

15.6.9 处置程序(关阀堵漏)

(1) 生产装置或管道发生泄漏，阀门尚未破坏时，可协助技术人员或在技术人员指导下，使用喷雾水枪掩护，关闭阀门，制止泄漏。

(2) 罐体、管道、阀门、法兰泄漏，作战人员要积极配合、

掩护公司专业堵漏部门实施堵漏。

15.6.10　输转倒罐

使用防爆型的通风系统和设备。防止气体泄漏到工作场所空气中。避免与氧化剂、卤素接触。采用刚瓶运输时必须戴好钢瓶上的安全帽。钢瓶一般平放，并应将瓶口朝同一方向，不可交叉；高度不得超过车辆的防护栏板，并用三角木垫卡牢，防止滚动。装运该物品的车辆排气管必须配备阻火装置，禁止使用易产生火花的机械设备和工具装卸。

15.6.11　后续现场清理

(1) 继续使用喷雾水、蒸汽清扫驱赶残留的天然气。

(2) 作战中队结束战斗后要立即清点本队人员是否到齐，收集整理器材装备。

(3) 撤除警戒，做好现场移交，安全撤离。

15.6.12　天然气泄漏救援处置程序总体要求

(1) 由于是天然气，其密度比空气小，极易形成飞火，因此在行动开始之初，指挥员必须观察当天风向，保持与119指挥中心的沟通，所有车辆必须选择上风方向逐渐接近现场，并保持一定距离，停靠在上风方向的适当位置。一线作战使用的水源尽量使用上风方向水源。

(2) 水枪阵地的设置尽量选择上风、侧上风作为进攻路线。选择灭火剂以泡沫为主要处置用剂。

(3) 支(中)队指挥部的设置应在上风方向或设置在警戒区以外，并远离高空管廊。

(4) 一切行动要绝对服从命令，采取的行动要严防引发爆炸，进入危险区域的作战人员要挑选素质好、业务强的队员，如遇雷电天气，要慎重采取行动。

(5) 注意观察救援人员的身体状况，并进行健康跟踪检查。对轻微中毒人员应立即转移到空气新鲜处，症状严重者立即送医院治疗。

（6）天然气的生产、储存、使用装置发生泄漏事故，主要由公司和事故单位负责处置，消防支(中)队负责协助、掩护。当事故单位不能采取有效措施时，救援人员应在工程技术人员的指导下配合行动，严禁盲目采取行动。

16 乙醛泄漏事故救援与处置

乙醛作为一种重要的化工原料，主要用作于制造醋酸、醋酐和合成树脂等。在生产、储存、运输、使用过程中发生泄漏，极易发生燃烧爆炸和中毒事故，造成人员伤亡和区域性污染。

16.1 乙醛危害性概述

（1）危险性类别：第3.1类，低闪点易燃液体。

（2）危险性综述：本品极度易燃，具刺激性，具致敏性，对环境有危害，对水体可造成污染。

（3）侵入途径：吸入、食入、经皮吸收。

（4）健康危害：低浓度引起眼、鼻及上呼吸道刺激症状及支气管炎。高浓度吸入尚有麻醉作用。表现有头痛、嗜睡、神志不清及支气管炎、肺水肿、腹泻、蛋白尿肝和心肌脂肪性变。可致死。误服出现胃肠道刺激症状、麻醉作用及心、肝、肾损害。对皮肤有致敏性。反复接触蒸气引起皮炎、结膜炎。慢性中毒：类似酒精中毒。表现有体重减轻、贫血、谵妄、视听幻觉、智力丧失和精神障碍。

（5）外观与性状：无色液体，有强烈的刺激臭味。

16.2 事故特点

（1）扩散迅速，危害范围大。乙醛泄漏后可由液相变为气相，易形成大面积扩散区。

（2）极易燃，甚至在低温下的蒸气也能与空气形成爆炸性混合物，遇火星、高温、氧化剂、易燃物、氨、硫化氢、卤素、磷、强碱、胺类、醇、酮、酐、酚等有燃烧爆炸危险。

（3）在空气中久置后能生成有爆炸性的过氧化物。受热可能发生剧烈的反应。其蒸气比空气重，能在较低处扩散到相当远的地方，遇火源会着火回燃。

（4）乙醛的爆炸极限为 4.0%～57.0%（体积），闪点为 -39℃，爆炸速度快。

（5）毒性强，处置难度大。乙醛对外露皮肤有强烈的刺激性，吸入浓度高、量大的乙醛能致人死亡。发生泄漏的部位及压力等因素各不相同，处置要求高，难度大。工作现场禁止吸烟、进食和饮水。

（6）乙醛的溶解性：溶于水，可混溶于乙醇、乙醚。

（7）遇到大火，消防人员须在有防爆掩蔽处操作。以抗溶性泡沫、二氧化碳、干粉、沙土。用水灭火无效。同时，尽可能切断泄漏源。防止进入下水道、排洪沟等限制性空间。小量泄漏：用沙土或其他不燃材料吸附或吸收。也可以用大量水冲洗，洗水稀释后放入废水系统。大量泄漏：构筑围堤或挖坑收容。喷雾状水冷却和稀释蒸气、保护现场人员、把泄漏物稀释成不燃物。用防爆泵转移至槽车或专用收集器内，回收或运至废物处理场所处置。

16.3 急救措施

（1）皮肤接触：脱去污染的衣着，用肥皂水和清水彻底冲洗皮肤。

（2）眼睛接触：提起眼睑，用流动清水或生理盐水冲洗。就医。

（3）吸入：迅速脱离现场至空气新鲜处。保持呼吸道通畅。如呼吸困难，给输氧。如呼吸停止，立即进行人工呼吸。就医。

（4）食入：饮足量温水，催吐。就医。

16.4 接警调度

（1）消防支（中）队 119 指挥中心接到乙醛泄漏报警时，重点要询问泄漏容器、地点、时间、部位、强度和范围，是否有人员伤亡和被困。

(2) 随时做好与报警单位和报警人员保持联系，充分掌握事态发展变化状况，加强与赶赴现场的责任队指挥员、支(中)队指挥员的沟通与汇报。

(3) 指挥中心接警后在调派责任队的同时立即向支(中)队值班领导汇报情况，根据支(中)队值班领导的命令调集增援力量。并向所属公司总调度汇报情况。

16.5 现场力量调集

(1) 责任中队接到指挥中心指令后，按照管辖区域迅即出动，指挥员要进一步与支(中)队 119 指挥中心了解现场情况，同时观察当日风向，必须选择上风方向接近现场。

(2) 车辆装备的调集主要是支(中)队现有的抢险救援车、气防车、泡沫车、干粉车、水罐车为主，优先调集装载抗容泡沫的消防车到场。同时根据现场情况调集支(中)队储备的空气呼吸器、防护服、避火服，如遇有紧急情况请求总调调集各生产单位空气呼吸器送往一线。

(3) 消防支(中)队 119 指挥中心在做好力量调集的同时，迅速向公司总调度汇报情况，由公司调集生产部门、安环部门、设备部门、动力部门等相关单位到场协助处置。

16.6 现场处置

16.6.1 侦察检测

(1) 责任队到场后首先要将本队车辆置于上风或侧上风方向，指挥员要视污染现场初步情况，在小范围泄漏情况下保持本队与事故地点不小于 150m 的距离；在大范围泄漏情况下保持本队与事故地点不小于 300m 的距离。

(2) 责任队指挥员要立即向现场的岗位职工、技术人员询问了解情况，根据当日风向、风力，掌握泄漏区域乙醛的浓度和扩散的方向。

(3) 查明被困、遇险人员数量、位置，制定好营救路线，组织抢险组做好个人防护工作，深入现场抢救被困遇险人员。

(4) 掌握泄漏部位周边毗邻情况，如储罐区则要进一步了解储罐数量、泄漏储罐储存量及邻近罐储量、管线和罐区的总储量。

(5) 泄漏情况下实施堵截稀释乙醛会发出来的蒸气云，充分利用现场的消防水源，消防车辆要远离现场，以串联供水的方式实行远距离供水，指挥员可以部署战斗力量就近使用消火栓直接供水，同时尽量减少一线人员数量，少出水枪，多出自动炮或移动炮(使用人员少的装备)控制泄漏区域。

16.6.2 疏散与警戒

(1) 在事故单位前期疏散人员情况的基础上，进一步强制滞留人员远离污染现场，在泄漏区域及扩散可能涉及范围内除救援人员外，其他人员一律强制疏散隔离到区域之外。

(2) 气防站(或特勤)指挥员要立即开展对泄漏污染区域的检测工作，根据检测的结果，在事故单位原有警戒线的位置，以泄漏浓度值为爆炸下限的20%为标准确定警戒范围。以检测结果划分重危区、轻危区、安全区，引导公司负责警戒部门扩大警戒范围，合理设置出入口，严格控制进入警戒区特别是重危区的人员、车辆、物资。

(3) 根据有关专业部门检测情况，支队随时调整进攻的消防力量部署以及警戒位置。

16.6.3 禁绝火源

事故区域各种使用的电源、火源要全部切断，停止使用，禁止和消除警戒区内一切能引起燃烧爆炸的火焰条件。凡是进入现场人员一律不得使用移动电话、非防爆通信设备、照明设备。各级指挥员首先要对进入现场的战斗人员进行检查，所有以上所列的物资不得带入现场。

16.6.4　个人防护

(1) 凡是在前段下风或距泄漏点最近的方向执行堵截与稀释任务的战斗人员，必须按照要求穿着重型防化服、轻便防化服、避火服，佩戴空气呼吸器，一线作战人员必须戴消防手套。

(2) 凡是在中段执行下风或距泄漏点最近的方向任务的战斗人员，必须穿着轻便防化服，佩戴空气呼吸器。

(3) 在后段执行任务的战斗人员，可由现场指挥员依据实际情况酌定。

16.6.5　消防救生小组

由气防站(或特勤)组成救护小组，担负现场救生任务，救生人员必须穿着防化服，佩戴空气呼吸器，携带救生器材进入警界区域之内，采取正确的救助方式，将遇险人员转移至安全区，对救出的人员进行登记、标志和现场简单的救治处理，并送交医疗急救部门。

16.6.6　处置论证

支(中)队组织事故单位、安环部、生产部、设备部等相关部门技术人员或专家判断事故状况，提供技术支持，制定抢险救援方案。尽可能切断泄漏源。合理通风，加速扩散。喷雾状水稀释、溶解。构筑围堤或挖坑收容产生的大量废水。泄漏容器要妥善处理，修复、检验后再用。

16.6.7　现场水源供给

支(中)队制定统一供水方案，选定前、后方水源，调集高效的供水车辆和装备，采取远距离的供水方法，保证一线用水。

16.6.8　稀释降毒

(1) 启用现场单位的水喷淋等固定设施、蒸汽设施、固定炮的消防设施。

(2) 使用多功能水枪、喷雾水枪、自动移动炮等专用消防设备，以泄漏点为中心，设置水幕、蒸汽幕或铺设水幕水带，进行稀释降毒，采用雾状射流形成水幕，防止泄漏乙醛向重要部位或危险源扩散。

(3) 稀释的时候不易使用直流水，对泄漏出来的液体可用抗溶性泡沫进行覆盖。

16.6.9 处置程序(关阀堵漏)

(1) 生产装置或管道发生泄漏，阀门尚未破坏时，可协助技术人员或在技术人员指导下，使用喷雾水枪掩护，关闭阀门，制止泄漏。

(2) 罐体、管道、阀门、法兰泄漏，作战人员要积极配合、掩护公司专业堵漏部门实施堵漏。

16.6.10 输转倒罐

(1) 在确保现场安全的条件下，利用车载式或移动式防爆泵直接向外部罐车倒罐，防爆泵倒罐可分为现场倒罐和异地倒罐两种，作业区环境乙醛浓度必须低于爆炸下限60%时，方可采用实施倒罐。

(2) 惰性气体置换，通过气相阀，向槽车或容器有控制地释放氮气等惰性气体，将苯置换到其他容器储罐。

(3) 利用压力差倒罐，利用水平落差产生的自然压力将事故罐的物料导入其他储罐容器或槽车，降低危险程度。

(4) 实施倒罐作业时，管线、设备必须做到良好接地，否则决不允许实施倒罐。

(5) 使用防爆型的通风系统和设备。防止蒸气泄漏到工作场所空气中。避免与氧化剂、还原剂、酸类接触。充装要控制流速，防止静电积聚。搬运时要轻装轻卸，防止包装及容器损坏。配备相应品种和数量的消防器材及泄漏应急处理设备。倒空的容器可能残留有害物。

16.6.11 化学中和

小量泄漏：用沙土或其他不燃材料吸附或吸收。也可以用大量水冲洗，洗水稀释后放入废水系统。大量泄漏：构筑围堤或挖坑收容。喷雾状水冷却和稀释蒸气、保护现场人员、把泄漏物稀释成不燃物。用防爆泵转移至槽车或专用收集器内，回收或运至废物处理场所处置。

16.6.12 洗消处理

（1）在危险区和安全区交界处设立洗消站。

（2）洗消对象：轻度中毒人员、重度中毒人员在送医院治疗之前、现场的各级人员以及抢险救援器材装备。

（3）洗消方法：化学洗消法，即使用稀盐酸等酸性物质溶于水中喷洒在染毒区域或受污染物体表面，发生化学反应，成为无毒或低毒物质。物理洗消法，即用吸附垫、活性炭等具有吸附能力的物质，吸附回收后转移处理，对染毒空气可用排烟机吹散降毒。也可对污染区暂时封闭，依靠自然条件如日晒、雨淋、通风等使毒气消失。也可喷射雾状水进行稀释降毒。

（4）洗消和处置用水排放必须经过公司环保部门检测，防止二次污染。

16.6.13 后续现场清理

（1）继续使用喷雾水、蒸汽或惰性气体清扫现场内事故设备、罐、管道、低洼、排水沟等处，确保不留残液。

（2）作战中队结束战斗后要立即清点本队人员是否到齐，收集整理器材装备。

（3）撤除警戒，做好现场移交，安全撤离。

16.6.14 乙醛泄漏救援处置程序总体要求

（1）在行动开始之初，指挥员必须观察当天风向，保持与119指挥中心的沟通，所有车辆必须选择上风方向逐渐接近现场，并保持一定距离，停靠在上风方向的适当位置。一线作战使用的水源尽量使用上风方向水源。

（2）水枪阵地的设置尽量选择上风、侧上风作为进攻路线。

（3）支(中)队指挥部的设置应在上风方向或设置在警戒区以外，并远离高空管廊。

(4) 一切行动要绝对服从命令，采取的行动要严防引发爆炸，进入危险区域的作战人员要挑选素质好、业务强的队员，如遇雷电天气，要慎重采取行动。

(5) 注意观察救援人员的身体状况，并进行健康跟踪检查。对轻微中毒人员应立即转移到空气新鲜处，对接触毒物的皮肤、面部可用肥皂水或清水冲洗，症状严重者立即送医院治疗。

(6) 乙醛的生产、储存装置发生泄漏事故，主要由公司和事故单位负责处置，消防支(中)队负责协助、掩护。当事故单位不能采取有效措施时，救援人员应在工程技术人员的指导下配合行动，严禁盲目采取行动。

17 丁二烯事故救援与处置

丁二烯(联乙烯)主要用途是用于合成橡胶ABS树脂、酸酐等。在生产、储存、运输、经营、使用过程中易发生泄漏和爆炸燃烧事故。

17.1 丁二烯危害性概述

(1) 危险性类别：第2.1类，易燃气体。

(2) 危险性综述：本品易燃，具刺激性，对环境有危害，对水体、土壤和大气可造成污染。

(3) 侵入途径：吸入。

(4) 健康危害：本品具有麻醉和刺激作用。急性中毒：轻者有头痛、头晕、恶心、咽痛、耳鸣、全身乏力、嗜睡等。重者出现酒醉状态、呼吸困难、脉速等，后转入意识丧失和抽搐，有时也可有烦躁不安、到处乱跑等精神症状。脱离接触后，迅速恢复。头痛和嗜睡有时可持续一段时间。皮肤直接接触丁二烯可发生灼伤或冻伤。慢性影响：长期接触一定浓度的丁二烯可出现头痛、头晕、全身乏力、失眠、多梦、记忆力减退、恶心、心悸等症状。偶见皮炎和多发性神经炎。

(5) 外观与性状：无色无臭气体。

17.2 事故特点

(1) 扩散迅速，危害范围大。丁二烯一般以喷射状泄漏，为气相，体积迅速扩大，形成大面积危险区。

(2) 易燃，与空气混合能形成爆炸性混合物。接触热、火星、火焰或氧化剂易燃烧爆炸。若遇高热，可发生聚合反应，放出大量热量而引起容器破裂和爆炸事故。

(3) 气体比空气重，能在较低处扩散到相当远的地方，遇火源会着火回燃。

(4) 燃烧猛烈，爆炸爆炸极限为1.4%~16.3%(体积)。

(5) 处置要求高，难度大，发生泄漏的部位及压力等因素各不相同，造成各种危险因素多。

17.3 接警调度

(1) 消防支(中)队119指挥中心接到丁二烯泄漏报警时，重点要询问泄漏容器、地点、时间、部位、强度和范围，是否有人员伤亡和被困。

(2) 随时做好与报警单位和报警人员保持联系，充分掌握事态发展变化状况，加强与赶赴现场的责任队指挥员、支(中)队指挥员的沟通与汇报。

(3) 指挥中心接警后在调派责任队的同时立即向支队值班领导汇报情况，根据支(中)队值班领导的命令调集增援力量，并向所属公司总调度汇报情况。

17.4 现场力量调集

(1) 责任消防中队接到报警或指挥中心指令后，按照管辖区域迅即出动，指挥员要进一步与119接警部门了解现场情况，同时观察当日风向，必须选择上风方向接近现场。

(2) 车辆装备的调集主要是支(中)队现有的抢险救援车、气防车、泡沫车、干粉车为主。

(3) 消防支(中)队119指挥中心在做好力量调集的同时，迅速向所属公司总调度汇报情况，由公司调集生产部门、安环部门、设备部门、动力部门等相关单位到场协助处置。

17.5 现场处置

17.5.1 侦察检测

(1) 责任队到场后首先要将本队车辆置于上风或侧上风方向，指挥员要视现场初步情况，保持本队与事故地点不小于50~100m 的距离。

(2) 责任队指挥员要立即向现场的岗位职工、技术人员询问了解情况，根据当日风向、风力，掌握泄漏区域气体浓度和扩散的方向。

(3) 查明被困、遇险人员数量、位置，制定好营救路线，组织抢险组做好个人防护工作，深入现场抢救被困遇险人员。

(4) 掌握泄漏部位周边毗邻情况，如储罐区则要进一步了解储罐数量、泄漏储罐储存量及邻近罐储量、管线和罐区的总储量。

(5) 充分利用现场的消防水源，如果车辆无法接近现场或距现场距离过远，指挥员可以部署战斗力量就近使用消火栓直接供水，出水枪、自动炮或移动炮控制泄漏区域。

17.5.2 疏散与警戒

(1) 在事故单位前期疏散人员情况的基础上，进一步强制滞留人员远离现场，在泄漏区域及扩散可能涉及范围内除救援人员外，其他人员一律强制疏散到区域之外。

(2) 气防站(或特勤)指挥员要立即开展对泄漏区域的检测工作，根据检测的结果，在事故单位原有警戒线的位置，以泄漏浓度值为爆炸下限的 20% 为标准确定警戒范围。以检测结果划分重危区、轻危区、安全区，引导公司负责警戒部门扩大警戒范围，合理设置出入口，严格控制进入警戒区特别是重危区的人员、车辆、物资。

(3) 根据有关专业部门检测情况，随时调整进攻的消防力量部署以及警戒位置。

17.5.3 禁绝火源

事故区域各种使用的电源、火源、高热设备要全部切断，停止使用，落实防静电措施；凡是进入现场人员一律不得使用移动电话，非防爆通信设备、照明设备。各级指挥员首先要对进入现场的战斗人员进行检查，所有以上所列的物资不得带入现场。

17.5.4 个人防护

(1) 凡是在前段下风或距泄漏点最近的方向执行堵截与稀释任务的战斗人员，必须按照要求穿着重型防化服，佩戴空气呼吸器。

(2) 凡是在中段执行下风或距泄漏点最近的方向任务的战斗人员，必须穿着轻便防化服，佩戴空气呼吸器，没有轻便防化服的人员，必须将衣领、袖口、裤口扎严、系紧，防止泄漏气体进入衣服内。

(3) 在后段执行任务的战斗人员，可由现场指挥员依据实际情况酌定。

17.5.5 消防救生小组

由气防站(或特勤)组成救护小组，担负现场救生任务，携带救生器材进入警界区域之内，采取正确的救助方式，将遇险人员转移至安全区，对救出的人员进行登记、标识和现场简单的救治处理，并送交医疗急救部门。

17.5.6 处置论证

消防支(中)队部门组织事故单位、安环部、生产部、设备部等相关部门技术人员或专家判断事故状况，提供技术支持，制定抢险救援方案。

17.5.7 现场水源供给

消防支(中)队制定供水方案，选定前、后方水源，调集高效的供水车辆和装备，采取合理的供水方法，保证一线用水。

17.5.8 稀释堵截防爆

(1) 启用现场单位的水喷淋等固定设施、蒸汽设施、固定炮的消防设施。

（2）使用多功能水枪、喷雾水枪、自动移动炮等专用消防设备，设置水幕、蒸汽幕或铺设水幕水带，驱散积聚、流动气体，稀释气体浓度，防止形成爆炸性混合物。

（3）采用雾状射流形成水幕墙，防止气体向重要目标或危险源扩散。

（4）若泄漏物质成液相沿地面流动时，可采用泡沫进行覆盖，降低其蒸发速度，缩小气云范围。

（5）对于积聚在建筑物和排水沟内的丁二烯，可打开门窗或排水沟盖板，通过自然通风吹散。同时还可采用防爆机械送风进行驱散。

（6）禁止使用直流水直接冲击罐体和泄漏部位，以免强水流冲击造成静电积聚、放电引起爆炸。

17.5.9　处置程序(关阀堵漏)

（1）生产装置或管道发生泄漏，阀门尚未破坏时，可协助技术人员或在技术人员指导下，使用喷雾水枪掩护，关闭阀门，制止泄漏。

（2）罐体、管道、阀门、法兰泄漏，作战人员要积极配合、掩护公司专业堵漏部门实施堵漏。

（3）通过球罐液相阀向罐内适量注水，抬高罐内所剩物料的液位，形成罐内底部水垫层，缓解险情，配合堵漏。

（4）法兰盘、液相管道裂口泄漏，在冬季可采用冻结制漏(冷冻法)，使用麻袋片等织物强行包裹法兰盘泄漏处，然后浇水使其冻冰，从而制止或减少泄漏。

17.5.10　输转倒罐

（1）在确保现场安全的条件下，利用车载式或移动式烃泵直接向外部罐车倒罐，烃泵倒罐可分为现场倒罐和异地倒罐两种，作业区环境丁二烯气体浓度必须低于爆炸下限60%时，方可采用实施倒罐。

（2）惰性气体置换，通过气相阀，向槽车或容器有控制地释放氮气等惰性气体，将丁二烯气体置换到其他容器储罐。

（3）压力差倒罐，利用水平落差产生的自然压力将事故罐的物料导入其他储罐容器或槽车，降低危险程度。

（4）实施倒罐作业时，管线、设备必须做到良好接地，否则决不允许实施倒罐。

17.5.11　主动点燃

实施主动点燃，必须具备可靠的点燃条件，在落实严密的安全防范措施时，要缜密研究，制定方案，部署全面，谨慎进行，果断实施。

（1）点燃原则　在容器顶部受损泄漏、堵漏无效时；槽车在人员密集区泄漏，无法转移或堵漏时；泄漏浓度有限(浓度小于爆炸浓度下限30%)、范围较小、无法有效堵漏时；遇有不点燃会带来严重后果，而点燃则导致稳定燃烧，或泄漏量已经减少的情况下，可主动实施点燃措施。但现场气体扩散已达到一定范围，点燃很可能造成大能量爆燃或爆炸，能产生巨大冲击波，危及其他储罐和救援力量及周围群众，造成难以预料后果的，严禁采取点燃措施。

（2）点燃准备，担任掩护和防护的喷雾水枪要达到指定位置，确认危险区人员全部撤离，泄漏点周边区域经检测不在丁二烯气体爆炸浓度范围，使用安全点火工具，并采取正确的点火方法。

（3）点燃时机，在罐顶开口泄漏，一时无法实施堵漏，而气体泄漏的范围和浓度有限，同时有多支水枪或移动炮稀释掩护以及各种防护措施准备就绪的情况下，用点火棒点燃；如罐顶爆裂已经形成稳定燃烧，罐体被冷却保护后罐内压力减小，火焰被风吹灭，或被冷却水流打灭，但还有气体扩散出来，如不再次点燃，仍能造成危害时，应立即组织点燃。

17.5.12　后续现场清理

（1）继续使用喷雾水、蒸汽或惰性气体清扫现场内事故罐、管道、低洼、排水沟等处，确保不留残液(气)。

(2) 作战中队结束战斗后要立即清点本队人员是否到齐，收集整理器材装备。

(3) 撤除警戒，做好现场移交，安全撤离。

17.5.13 丁二烯气体泄漏救援处置程序总体要求

(1) 在行动开始之初，指挥员必须观察当天风向，保持与119指挥中心(或119接警部门)的沟通，所有车辆必须选择上风方向接近现场，停靠在上风方向的适当位置。进入危险区的车辆必须配有防火帽。尽量使用上风方向水源，在危险区内开启消火栓的时候消火栓扳子一定要使用织物包裹起来，方可开启，防止铁物撞击产生火花。

(2) 水枪阵地的设置尽量选择上风、侧上风作为进攻路线。

(3) 消防支(中)队指挥部的设置应在上风方向或设置在警戒区以外，并远离高空管廊。

(4) 一切行动要绝对服从命令，采取的行动要严防引发爆炸，进入危险区域的作战人员要挑选素质好、业务强的队员，如遇雷电天气，要慎重采取行动。

(5) 丁二烯的生产、储存、使用装置发生泄漏事故，主要由公司和事故单位负责处置，消防支(中)队负责协助、掩护。当事故单位不能采取有效措施时，救援人员应在工程技术人员的指导下配合行动，严禁盲目采取行动。

18 丁烯事故救援与处置

丁烯主要用途是用于制丁二烯、异戊二烯、合成橡胶等。在生产、储存、运输、经营、使用过程中易发生泄漏和爆炸燃烧事故。

18.1 丁烯危害性概述

(1) 危险性类别：第2.1类，易燃气体。

(2) 危险性综述：本品易燃，对环境有危害，对水体、土壤和大气可造成污染。

(3) 侵入途径：吸入。

(4) 健康危害：有轻度麻醉和刺激作用，并可引起窒息。急性中毒：出现黏膜刺激症状、嗜睡、血压稍升高、心率增快。高浓度吸入可引起窒息、昏迷。慢性影响：长期接触以丁烯为主的混合性气体，工人有头痛、头晕、嗜睡或失眠、易兴奋、易疲倦、全身乏力、记忆力减退。有时有黏膜慢性刺激症状。

(5) 外观与性状：无色气体。

18.2 事故特点

(1) 扩散迅速，危害范围大。丁烯一般以喷射状泄漏，由液相变为气相，体积迅速扩大，形成大面积危险区。

(2) 易燃，与空气混合能形成爆炸性混合物。遇热源和明火有燃烧爆炸的危险。若遇高热，可发生聚合反应，放出大量热量而引起容器破裂和爆炸事故。与氧化剂接触反应猛烈。

(3) 气体比空气重，能在较低处扩散到相当远的地方，遇火源会着火回燃。

（4）燃烧猛烈，爆炸爆炸极限为1.6%~10.0%（体积）。

（5）处置要求高，难度大，发生泄漏的部位及压力等因素各不相同，造成各种危险因素多。

18.3　接警调度

（1）消防支（中）队119指挥中心接到丁烯泄漏报警时，重点要询问泄漏容器、地点、时间、部位、强度和范围，是否有人员伤亡和被困。

（2）随时做好与报警单位和报警人员保持联系，充分掌握事态发展变化状况，加强与赶赴现场的责任队指挥员、支（中）队指挥员的沟通与汇报。

（3）指挥中心接警后在调派责任队的同时立即向支队值班领导汇报情况，根据支（中）队值班领导的命令调集增援力量。并向所属公司总调度汇报情况。

18.4　现场力量调集

（1）责任消防中队接到报警或指挥中心指令后，按照管辖区域迅即出动，指挥员要进一步与119接警部门了解现场情况，同时观察当日风向，必须选择上风方向接近现场。

（2）车辆装备的调集主要是支（中）队现有的抢险救援车、气防车、泡沫车、干粉车为主。

（3）消防支（中）队119指挥中心在做好力量调集的同时，迅速向所属公司总调度汇报情况，由公司调集生产部门、安环部门、设备部门、动力部门等相关单位到场协助处置。

18.5　现场处置

18.5.1　侦察检测

（1）责任队到场后首先要将本队车辆置于上风或侧上风方向，指挥员要视现场初步情况，保持本队与事故地点不小于

50~100m的距离。

(2) 责任队指挥员要立即向现场的岗位职工、技术人员询问了解情况，根据当日风向、风力，掌握泄漏区域气体浓度和扩散的方向。

(3) 查明被困、遇险人员数量、位置，制定好营救路线，组织抢险组做好个人防护工作，深入现场抢救被困遇险人员。

(4) 掌握泄漏部位周边毗邻情况，如储罐区则要进一步了解储罐数量、泄漏储罐储存量及邻近罐储量、管线和罐区的总储量。

(5) 充分利用现场的消防水源，如果车辆无法接近现场或距现场距离过远，指挥员可以部署战斗力量就近使用消火栓直接供水，出水枪、自动炮或移动炮控制泄漏区域。

18.5.2 疏散与警戒

(1) 在事故单位前期疏散人员情况的基础上，进一步强制滞留人员远离现场，在泄漏区域及扩散可能涉及范围内除救援人员外，其他人员一律强制疏散到区域之外。

(2) 气防站(或特勤)指挥员要立即开展对泄漏区域的检测工作，根据检测的结果，在事故单位原有警戒线的位置，以泄漏浓度值为爆炸下限的20%为标准确定警戒范围。以检测结果划分重危区、轻危区、安全区，引导公司负责警戒部门扩大警戒范围，合理设置出入口，严格控制进入警戒区特别是重危区的人员、车辆、物资。

(3) 根据有关专业部门检测情况，随时调整进攻的消防力量部署以及警戒位置。

18.5.3 禁绝火源

事故区域各种使用的电源、火源、高热设备要全部切断，停止使用，落实防静电措施；凡是进入现场人员一律不得使用移动电话，非防爆通信设备、照明设备。各级指挥员首先要对进入现场的战斗人员进行检查，所有以上所列的物资不得带入现场。

18.5.4 个人防护

(1) 凡是在前段下风或距泄漏点最近的方向执行堵截与稀释任务的战斗人员，必须按照要求穿着重型防化服，佩戴空气呼吸器。

(2) 凡是在中段执行下风或距泄漏点最近的方向任务的战斗人员，必须穿着轻便防化服，佩戴空气呼吸器，没有轻便防化服的人员，必须将衣领、袖口、裤口扎严、系紧，防止泄漏气体进入衣服内。

(3) 在后段执行任务的战斗人员，可由现场指挥员依据实际情况酌定。

18.5.5 消防救生小组

由气防站(或特勤)组成救护小组，担负现场救生任务，携带救生器材进入警界区域之内，采取正确的救助方式，将遇险人员转移至安全区，对救出的人员进行登记、标识和现场简单的救治处理，并送交医疗急救部门。

18.5.6 处置论证

消防支(中)队部门组织事故单位、安环部、生产部、设备部等相关部门技术人员或专家判断事故状况，提供技术支持，制定抢险救援方案。

18.5.7 现场水源供给

消防支(中)队制定供水方案，选定前、后方水源，调集高效的供水车辆和装备，采取合理的供水方法，保证一线用水。

18.5.8 稀释堵截防爆

(1) 启用现场单位的水喷淋等固定设施、蒸汽设施、固定炮的消防设施。

(2) 使用多功能水枪、喷雾水枪、自动移动炮等专用消防设备，设置水幕、蒸汽幕或铺设水幕水带，驱散积聚、流动气体，稀释气体浓度，防止形成爆炸性混合物。

(3) 采用雾状射流形成水幕墙，防止气体向重要目标或危险源扩散。

(4) 若泄漏物质成液相沿地面流动时，可采用泡沫进行覆盖，降低其蒸发速度，缩小气云范围。

(5) 对于积聚在建筑物和排水沟内的丁烯，可打开门窗或排水沟盖板，通过自然通风吹散。同时还可采用防爆机械送风进行驱散。

(6) 禁止使用直流水直接冲击罐体和泄漏部位，以免强水流冲击造成静电积聚、放电引起爆炸。

18.5.9　处置程序(关阀堵漏)

(1) 生产装置或管道发生泄漏，阀门尚未破坏时，可协助技术人员或在技术人员指导下，使用喷雾水枪掩护，关闭阀门，制止泄漏。

(2) 罐体、管道、阀门、法兰泄漏，作战人员要积极配合、掩护公司专业堵漏部门实施堵漏。

(3) 通过球罐液相阀向罐内适量注水，抬高罐内所剩物料的液位，形成罐内底部水垫层，缓解险情，配合堵漏。

18.5.10　输转倒罐

(1) 在确保现场安全的条件下，利用车载式或移动式烃泵直接向外部罐车倒罐，烃泵倒罐可分为现场倒罐和异地倒罐两种，作业区环境丁烯气体浓度必须低于爆炸下限60%时，方可采用实施倒罐。

(2) 惰性气体置换，通过气相阀，向槽车或容器有控制地释放氮气等惰性气体，将丁烯气体置换到其他容器储罐。

(3) 压力差倒罐，利用水平落差产生的自然压力将事故罐的物料导入其他储罐容器或槽车，降低危险程度。

(4) 实施倒罐作业时，管线、设备必须做到良好接地，否则决不允许实施倒罐。

18.5.11　主动点燃

实施主动点燃，必须具备可靠的点燃条件，在落实严密的安全防范措施时，要缜密研究，制定方案，部署全面，谨慎进行，果断实施。

（1）点燃原则：在容器顶部受损泄漏、堵漏无效时；槽车在人员密集区泄漏，无法转移或堵漏时；泄漏浓度有限（浓度小于爆炸浓度下限30%）、范围较小、无法有效堵漏时；遇有不点燃会带来严重后果，而点燃则导致稳定燃烧，或泄漏量已经减少的情况下，可主动实施点燃措施。但现场气体扩散已达到一定范围，点燃很可能造成大能量爆燃或爆炸，能产生巨大冲击波，危及其他储罐和救援力量及周围群众，造成难以预料后果的，严禁采取点燃措施。

（2）点燃准备：担任掩护和防护的喷雾水枪要达到指定位置，确认危险区人员全部撤离，泄漏点周边区域经检测不在丁烯气体爆炸浓度范围，使用安全点火工具，并采取正确的点火方法。

（3）点燃时机：在罐顶开口泄漏，一时无法实施堵漏，而气体泄漏的范围和浓度有限，同时有多支水枪或移动炮稀释掩护以及各种防护措施准备就绪的情况下，用点火棒点燃；如罐顶爆裂已经形成稳定燃烧，罐体被冷却保护后罐内压力减小，火焰被风吹灭，或被冷却水流打灭，但还有气体扩散出来，如不再次点燃，仍能造成危害时，应立即组织点燃。

18.5.12 后续现场清理

（1）继续使用喷雾水、蒸汽或惰性气体清扫现场内事故罐、管道、低洼、排水沟等处，确保不留残液（气）。

（2）作战中队结束战斗后要立即清点本队人员是否到齐，收集整理器材装备。

（3）撤除警戒，做好现场移交，安全撤离。

18.5.13 丁烯气体泄漏救援处置程序总体要求

（1）在行动开始之初，指挥员必须观察当天风向，保持与119指挥中心（或119接警部门）的沟通，所有车辆必须选择上风方向接近现场，停靠在上风方向的适当位置。进入危险区的车辆必须配有防火帽。尽量使用上风方向水源，在危险区内开启消火栓的时候消火栓扳子一定要使用织物包裹起来，方可开启，防止铁物撞击产生火花。

(2) 水枪阵地的设置尽量选择上风、侧上风作为进攻路线。

(3) 消防支(中)队指挥部的设置应在上风方向或设置在警戒区以外，并远离高空管廊。

(4) 一切行动要绝对服从命令，采取的行动要严防引发爆炸，进入危险区域的作战人员要挑选素质好、业务强的队员，如遇雷电天气，要慎重采取行动。

(5) 丁烯的生产、储存、使用装置发生泄漏事故，主要由公司和事故单位负责处置，消防支(中)队负责协助、掩护。当事故单位不能采取有效措施时，救援人员应在工程技术人员的指导下配合行动，严禁盲目采取行动。

19 苯泄漏事故救援与处置

苯是常见的危险化学品之一，作为一种重要的化工原料，苯主要用作溶剂及合成苯的衍生物、香料、染料、塑料、医药、炸药、橡胶等。在生产、储存、运输、使用过程中发生泄漏，极易发生燃烧爆炸和中毒事故，造成人员伤亡和区域性污染。

19.1 苯危害性概述

（1）危险性类别：第3.2类，中闪点易燃液体。

（2）危险性综述：本品易燃，为致癌物，为无色透明液体，有强烈芳香味，对环境有危害，对水体可造成污染。

（3）侵入途径：吸入、食入、经皮吸收。

（4）健康危害：高浓度苯对中枢神经系统有麻醉作用，引起急性中毒；长期接触苯对造血系统有损害，引起慢性中毒。急性中毒：轻者有头痛、头晕、恶心、呕吐、轻度兴奋、步态蹒跚等酒醉状态；严重者发生昏迷、抽搐、血压下降，以致呼吸和循环衰竭。慢性中毒：主要表现有神经衰弱综合征；造血系统改变：白细胞、血小板减少，重者出现再生障碍性贫血；少数病例在慢性中毒后可发生白血病(以急性粒细胞性为多见)。皮肤损害有脱脂、干燥、皲裂、皮炎。

19.2 事故特点

（1）扩散迅速，危害范围大。苯泄漏后可由液相变为气相，易形成大面积扩散区。

（2）易发生燃烧，爆炸下限低，苯泄漏后极易与空气形成爆炸混合物，遇明火、高热极易燃烧爆炸。与氧化剂能发生强烈反应。易产生和聚集静电，有燃烧爆炸危险。

(3) 其蒸气比空气重，能在较低处扩散到相当远的地方，遇火源会着火回燃。

(4) 苯的爆炸极限为 1.0%~8.0%(体积)，闪点为-11℃，爆炸速度快。

(5) 毒性强，处置难度大。苯对外露皮肤有强烈的刺激性，吸入浓度高、量大的苯能致人死亡。发生泄漏的部位及压力等因素各不相同，处置要求高，难度大。工作现场禁止吸烟、进食和饮水。

(6) 苯的溶解性：不溶于水；溶于醇、醚、丙酮等多数有机溶剂。

(7) 喷水冷却容器，也可将容器从火场移至空旷处。处在火场中的容器若已变色或从安全泄压装置中产生声音，必须马上撤离。灭火剂：泡沫、干粉、二氧化碳、沙土。用水灭火无效。

(8) 急救措施

① 皮肤接触：脱去污染的衣着，用肥皂水和清水彻底冲洗皮肤。

② 眼睛接触：提起眼睑，用流动清水或生理盐水冲洗。就医。

③ 吸入：迅速脱离现场至空气新鲜处。保持呼吸道通畅。如呼吸困难，给输氧。如呼吸停止，立即进行人工呼吸。就医。

④ 食入：饮足量温水，催吐。就医。

19.3 接警调度

(1) 消防支(中)队 119 指挥中心接到苯泄漏报警时，重点要询问泄漏容器、地点、时间、部位、强度和范围，是否有人员伤亡和被困。

(2) 随时做好与报警单位和报警人员保持联系，充分掌握事态发展变化状况，加强与赶赴现场的责任队指挥员、支队指挥员的沟通与汇报。

（3）指挥中心接警后在调派责任队的同时立即向支(中)队值班领导汇报情况，根据支(中)队值班领导的命令调集增援力量。并向公司总调度汇报情况。

19.4 现场力量调集

（1）责任中队接到 119 指挥中心指令后，按照管辖区域迅即出动，指挥员要进一步与支(中)队 119 指挥中心了解现场情况，同时观察当日风向，必须选择上风方向接近现场。

（2）车辆装备的调集主要是支队现有的抢险救援车、气防车、泡沫车、干粉车、水罐车为主，同时根据现场情况调集支(中)队储备的空气呼吸器、防护服、避火服，如遇有紧急情况请求总调调集各生产单位空气呼吸器送往一线。

（3）消防支(中)队 119 指挥中心在做好支队力量调集的同时，迅速向所属公司总调汇报情况，由公司调集生产、安环、设备、动力部等相关单位到场协助处置。

19.5 现场处置

19.5.1 侦察检测

（1）责任队到场后首先要将本队车辆置于上风或侧上风方向，指挥员要视污染现场初步情况，在小范围泄漏情况下保持本队与事故地点不小于 150m 的距离；在大范围泄漏情况下保持本队与事故地点不小于 300m 的距离。

（2）责任队指挥员要立即向现场的岗位职工、技术人员询问了解情况，根据当日风向、风力，掌握泄漏区域苯的浓度和扩散的方向。

（3）查明被困、遇险人员数量、位置，制定好营救路线，组织抢险组做好个人防护工作，深入现场抢救被困遇险人员。

(4) 掌握泄漏部位周边毗邻情况，如储罐区则要进一步了解储罐数量、泄漏储罐储存量及邻近罐储量、管线和罐区的总储量。

(5) 充分利用现场的消防水源，消防车辆要远离现场，以串联供水的方式实行远距离供水，指挥员可以部署战斗力量就近使用消火栓直接供水，同时尽量减少一线人员数量，少出水枪，多出自动炮或移动炮(使用人员少的装备)控制泄漏区域。

19.5.2 疏散与警戒

(1) 在事故单位前期疏散人员情况的基础上，进一步强制滞留人员远离污染现场，在泄漏区域及扩散可能涉及范围内除救援人员外，其他人员一律强制疏散隔离到区域之外。

(2) 气防站(或特勤)指挥员要立即开展对泄漏污染区域的检测工作，根据检测的结果，在事故单位原有警戒线的位置，以泄漏浓度值为爆炸下限的20%为标准确定警戒范围。以检测结果划分重危区、轻危区、安全区，引导公司负责警戒部门扩大警戒范围，合理设置出入口，严格控制进入警戒区特别是重危区的人员、车辆、物资。

(3) 根据有关专业部门检测情况，支队随时调整进攻力量部署以及警戒位置。

19.5.3 禁绝火源

事故区域各种使用的电源、火源要全部切断，停止使用，禁止和消除警戒区内一切能引起燃烧爆炸的火焰条件。凡是进入现场人员一律不得使用移动电话、非防爆通信设备、照明设备。各级指挥员首先要对进入现场的战斗人员进行检查，所有以上所列的物品不得带入现场。

19.5.4 个人防护

(1) 凡是在前段下风或距泄漏点最近的方向执行堵截与稀释任务的战斗人员，必须按照要求穿着重型防化服、轻便防化服、避火服，佩戴空气呼吸器，一线作战人员必须戴消防手套。

（2）凡是在中段执行下风或距泄漏点最近的方向任务的战斗人员，必须穿着轻便防化服，佩戴空气呼吸器。

（3）在后段执行任务的战斗人员，可由现场指挥员依据实际情况酌定。

19.5.5 消防救生小组

由气防站(或特勤)组成救护小组，担负现场救生任务，救生人员必须穿着防化服，佩戴空气呼吸器，携带救生器材进入警界区域之内，采取正确的救助方式，将遇险人员转移至安全区，对救出的人员进行登记、标识和现场简单的救治处理，并送交医疗急救部门。

19.5.6 处置论证

支(中)队组织事故单位、安环部、生产部、设备部等相关部门技术人员或专家判断事故状况，提供技术支持，制定抢险救援方案。尽可能切断泄漏源。合理通风，加速扩散。喷雾状水稀释、溶解。构筑围堤或挖坑收容产生的大量废水。泄漏容器要妥善处理，修复、检验后再用。

19.5.7 现场水源供给

消防支(中)队制定统一供水方案，选定前、后方水源，调集高效的供水车辆和装备，采取远距离的供水方法，保证一线用水。

19.5.8 稀释降毒

（1）启用现场单位的水喷淋等固定设施、蒸汽设施、固定炮的消防设施。

（2）使用多功能水枪、喷雾水枪、自动移动炮等专用消防设备，以泄漏点为中心，设置水幕、蒸汽幕或铺设水幕水带，进行稀释降毒，采用雾状射流形成水幕，防止泄漏乙醛向重要部位或危险源扩散。

（3）稀释的时候不易使用直流水冲击。

19.5.9 处置程序(关阀堵漏)

（1）生产装置或管道发生泄漏，阀门尚未破坏时，可协助技术人员或在技术人员指导下，使用喷雾水枪掩护，关闭阀门，制止泄漏。

（2）罐体、管道、阀门、法兰泄漏，作战人员要积极配合、掩护公司专业堵漏部门实施堵漏。

19.5.10 输转倒罐

（1）在确保现场安全的条件下，利用车载式或移动式防爆泵直接向外部罐车倒罐，防爆泵倒罐可分为现场倒罐和异地倒罐两种，作业区环境苯蒸气浓度必须低于爆炸下限60%时，方可采用实施倒罐。

（2）惰性气体置换，通过气相阀，向槽车或容器有控制地释放氮气等惰性气体，将苯置换到其他容器储罐。

（3）利用压力差倒罐，利用水平落差产生的自然压力将事故罐的物料导入其他储罐容器或槽车，降低危险程度。

（4）实施倒罐作业时，管线、设备必须做到良好接地，否则决不允许实施倒罐。

19.5.11 化学中和

小量泄漏：用活性炭或其他惰性材料吸收。也可以用不燃性分散剂制成的乳液刷洗，洗液稀释后放入废水系统。大量泄漏：构筑围堤或挖坑收容。用泡沫覆盖，降低蒸气灾害。喷雾状水或泡沫冷却和稀释蒸汽、保护现场人员。用防爆泵转移至槽车或专用收集器内，回收或运至废物处理场所处置。

19.5.12 洗消处理

（1）在危险区和安全区交界处设立洗消站。

（2）洗消对象：轻度中毒人员、重度中毒人员在送医院治疗之前、现场的各级人员以及抢险救援器材装备。

（3）洗消方法：化学洗消法，即使用稀盐酸等酸性物质溶于水中喷洒在染毒区域或受污染物体表面，发生化学反应，成为无毒或低毒物质。物理洗消法，即用吸附垫、活性炭等具有吸附能力的物质，吸附回收后转移处理，对染毒空气可用排烟机吹散降毒。也可对污染区暂时封闭，依靠自然条件如日晒、雨淋、通风等使毒气消失。也可喷射雾状水进行稀释降毒。

(4) 洗消和处置用水排放必须经过公司环保部门检测，防止二次污染。

19.5.13 后续现场清理

(1) 继续使用喷雾水、蒸汽或惰性气体清扫现场内事故设备、罐、管道、低洼、排水沟等处，确保不留残液。

(2) 作战中队结束战斗后要立即清点本队人员是否到齐，收集整理器材装备。

(3) 撤除警戒，做好现场移交，安全撤离。

19.5.14 苯泄漏救援处置程序总体要求

(1) 在行动开始之初，指挥员必须观察当天风向，保持与119指挥中心的沟通，所有车辆必须选择上风方向逐渐接近现场，并保持一定距离，停靠在上风方向的适当位置。一线作战使用的水源尽量使用上风方向水源。

(2) 水枪阵地的设置尽量选择上风、侧上风作为进攻路线。

(3) 支(中)队指挥部的设置应在上风方向或设置在警戒区以外，并远离高空管廊。

(4) 一切行动要绝对服从命令，采取的行动要严防引发爆炸，进入危险区域的作战人员要挑选素质好、业务强的队员，如遇雷电天气，要慎重采取行动。

(5) 注意观察救援人员的身体状况，并进行健康跟踪检查。对轻微中毒人员应立即转移到空气新鲜处，对接触毒物的皮肤、面部可用肥皂水或清水冲洗，症状严重者立即送医院治疗。

(6) 苯的生产、储存装置发生泄漏事故，主要由公司和事故单位负责处置，消防支(中)队负责协助、掩护。当事故单位不能采取有效措施时，救援人员应在工程技术人员的指导下配合行动，严禁盲目采取行动。

20 三乙基铝事故救援与处置

三乙基铝作为一种重要的化工原料，主要用于有机合成，也用作火箭燃料。化学反应活性很高，接触空气会冒烟自燃。对微量的氧及水分反应极其灵敏，易引起燃烧爆炸。

20.1 三乙基铝危害性概述

(1) 危险性类别：第4.2类，自燃物品。

(2) 危险性综述：本品极度易燃，具强腐蚀性、强刺激性，可致人体灼伤。

(3) 侵入途径：吸入、食入。

(4) 健康危害：具有强烈刺激和腐蚀作用，主要损害呼吸道和眼结膜，高浓度吸入可引起肺水肿。吸入其烟雾可致烟雾热。皮肤接触可致灼伤，产生充血水肿和起水疱，疼痛剧烈。

(5) 外观与性状：无色透明液体，具有强烈的霉烂气味。

20.2 事故特点

(1) 化学反应活性很高，接触空气会冒烟自燃。

(2) 对微量的氧及水分反应极其灵敏，易引起燃烧爆炸。

(3) 与酸、卤素、醇、胺类接触发生剧烈反应。遇水强烈分解，放出易燃的烷烃气体。

(4) 三乙基铝的闪点为-52℃，引燃温度为-52℃，爆炸速度快。

(5) 毒性强，处置难度大。遇水强烈分解，放出易燃的烷烃气体。

(6) 适用的灭火剂：采用干粉、干沙灭火。

(7) 严禁使用水和泡沫灭火。

20.3 急救措施

(1) 皮肤接触：立即脱去污染的衣服，用大量流动清水冲洗至少 15min。就医。

(2) 眼睛接触：立即提起眼睑，用大量流动清水或生理盐水彻底冲洗至少 15min。就医。

(3) 吸入：迅速脱离现场至空气新鲜处。保持呼吸道通畅。如呼吸困难，给输氧。如呼吸停止，立即进行人工呼吸。就医。

(4) 食入：用水漱口，给饮牛奶或蛋清。就医。

20.4 接警调度

(1) 消防支(中)队 119 指挥中心接到三乙基铝事故报警时，重点要询问事故容器、地点、时间、部位、强度和范围，是否有人员伤亡和被困。

(2) 随时做好与报警单位和报警人员保持联系，充分掌握事态发展变化状况，加强与赶赴现场的责任队指挥员、支队指挥员的沟通与汇报。

(3) 指挥中心接警后在调派责任队的同时立即向支(中)队值班领导汇报情况，根据支队值班领导的命令调集增援力量。并向所属公司总调度汇报情况。

20.5 现场力量调集

(1) 责任中队接到指挥中心指令后，按照管辖区域迅即出动，指挥员要进一步与支(中)队 119 指挥中心了解现场情况，同时观察当日风向，必须选择上风方向接近现场。

(2) 车辆装备的调集主要是支队现有的抢险救援车、气防车、干粉车为主，重点优先调集装备干粉的消防车。同时根据现场情况调集支(中)队储备的空气呼吸器、防护服、避火服，如遇有紧急情况请求总调调集各生产单位空气呼吸器送往一线。

（3）消防支（中）队119指挥中心在做好支队力量调集的同时，迅速向公司总调度汇报情况，由公司调集生产部门、安环部门、设备部门、动力部门等相关单位到场协助处置。

20.6 现场处置

20.6.1 侦察检测

（1）责任队到场后首先要将本队车辆置于上风或侧上风方向，指挥员要视事故现场初步情况，在方圆100m范围内设置警戒线，保持本队与事故地点不小于50m的距离。

（2）责任队指挥员要立即向现场的岗位职工、技术人员询问了解情况，根据当日风向、风力，掌握泄漏区域三乙基铝泄漏情况。

（3）查明被困、遇险人员数量、位置，制定好营救路线，组织抢险组做好个人防护工作，深入现场抢救被困遇险人员。

（4）掌握泄漏部位周边毗邻情况，如储罐区则要进一步了解储罐数量、泄漏储罐储存量及邻近罐储量、管线和罐区的总储量。

（5）迅速撤离泄漏污染区人员至安全区，并进行隔离，严格限制出入。切断火源。参加处置人员必须戴空气呼吸器，穿重型防化服。严禁直接接触泄漏物。尽可能切断泄漏源。

20.6.2 疏散与警戒

（1）在事故单位前期疏散人员情况的基础上，进一步强制滞留人员远离污染现场，在泄漏区域及扩散可能涉及范围内除救援人员外，其他人员一律强制疏散隔离到区域之外。

（2）气防站指挥员要立即开展对泄漏污染区域的，在事故单位原有警戒线的位置，依据实际情况确定警戒范围。引导公司负责警戒部门扩大警戒范围，合理设置出入口，严格控制进入警戒区的人员、车辆、物资。

（3）根据有关专业部门提供的处置方案，支队随时调整进攻力量部署以及警戒位置。

20.6.3 禁绝火源

事故区域各种使用的电源、火源要全部切断，停止使用，禁止和消除警戒区内一切能引起燃烧爆炸的火焰条件。凡是进入现场人员一律不得使用移动电话，非防爆通信设备、照明设备。各级指挥员首先要对进入现场的战斗人员进行检查，所有以上所列的物品不得带入现场。

20.6.4 个人防护

(1) 凡是在距泄漏点最近的一线参加执行处置任务的战斗人员，必须按照要求穿着重型防化服、轻便防化服、避火服，佩戴空气呼吸器，一线作战人员必须戴消防手套。

(2) 在后方执行任务的战斗人员，可由现场指挥员依据实际情况酌定。

20.6.5 消防救生小组

由气防站组成救护小组，担负现场救生任务，救生人员必须穿着防化服，佩戴空气呼吸器，携带救生器材进入警界区域之内，采取正确的救助方式，将遇险人员转移至安全区，对救出的人员进行登记、标识和现场简单的救治处理，并送交医疗急救部门。

20.6.6 处置论证

支(中)队组织事故单位、安环部、生产部、设备部等相关部门技术人员或专家判断事故状况，提供技术支持，制定抢险救援方案。严加密闭，提供充分的局部排风和全面通风。操作人员必须经过专门培训，严格遵守操作规程。操作人员佩戴自吸过滤式防毒面具(全面罩)，穿胶布防毒衣，戴橡胶手套。远离火种、热源，工作场所严禁吸烟。使用防爆型的通风系统和设备。防止蒸气泄漏到工作场所空气中。避免与氧化剂、酸类、醇类接触。尤其要注意避免与水接触。搬运时要轻装轻卸，防止包装及容器损坏，倒空的容器可能残留有害物。

20.6.7　现场灭火剂供给

支(中)队制定统一干粉供给方案，选定前、后方调集高效的干粉车辆和装备。

20.6.8　化学中和

三乙基铝的溶解性：溶于苯。小量泄漏：用沙土或其他不燃材料吸附或吸收。大量泄漏：构筑围堤或挖坑收容。回收至专用收集器内，或运至废物处理场所处置。

20.6.9　洗消处理

(1) 在危险区和安全区交界处设立洗消站。

(2) 参加处置的人员应及时沐浴更衣，单独存放被毒物污染的衣服，洗后备用。

(3) 洗消和处置用水排放必须经过公司环保部门检测，防止二次污染。

20.6.10　后续现场清理

(1) 继续检查泄漏部位是否没有残留的三乙基铝。

(2) 作战中队结束战斗后要立即清点本队人员是否到齐，收集整理器材装备。

(3) 撤除警戒，做好现场移交，安全撤离。

20.6.11　三乙基铝救援处置程序总体要求

(1) 在行动开始之初，指挥员必须保持与119指挥中心的沟通，所有车辆必须与现场保持不小于50m的距离，防止一旦发生爆炸事故波及参战车辆和人员。

(2) 选择灭火剂以干粉或干沙为主要处置用剂，禁止使用泡沫和水。

(3) 支(中)队指挥部的设置在警戒区以外，并远离高空管廊。

(4) 一切行动要绝对服从命令，采取的行动要严防引发爆炸，进入危险区域的作战人员要挑选素质好、业务强的队员，如遇雷电天气，要慎重采取行动。

（5）注意观察救援人员的身体状况，并进行健康跟踪检查。对轻微中毒人员应立即转移到空气新鲜处，对接触毒物的皮肤、面部可用肥皂水或清水冲洗，症状严重者立即送医院治疗。

（6）三乙基铝的生产、储存发生事故，主要由公司和事故单位负责处置，消防支(中)队负责协助、掩护。当事故单位不能采取有效措施时，救援人员应在工程技术人员的指导下配合行动，严禁盲目采取行动。

21 二甲苯(对二甲苯)泄漏事故救援与处置

二甲苯作为一种重要的化工原料，主要用作合成聚酯纤维、树脂、涂料、染料和农药等的原料。在生产、储存、运输、使用过程中发生泄漏，极易发生燃烧爆炸和中毒事故，造成人员伤亡和区域性污染。

21.1 二甲苯危害性概述

(1) 危险性类别：第3.3类，高闪点易燃液体。

(2) 危险性综述：本品易燃，具刺激性。

(3) 侵入途径：吸入、食入、经皮吸收。

(4) 健康危害：二甲苯对眼及上呼吸道有刺激作用，高浓度时对中枢神经系统有麻醉作用。急性中毒：短期内吸入较高浓度本品可出现眼及上呼吸道明显的刺激症状、眼结膜及咽充血、头晕、头痛、恶心、呕吐、胸闷四肢无力、意识模糊、步态蹒跚。重者可有躁动、抽搐或昏迷。有的有癔病样发作。慢性影响：长期接触有神经衰弱综合征，工人常发生皮肤干燥、皲裂、皮炎。

(5) 外观与性状：无色透明液体，有类似苯的芳香气味。

21.2 事故特点

(1) 扩散迅速，危害范围大。二甲苯泄漏后可由液相变为气相，易形成大面积扩散区。

(2) 易发生燃烧，其蒸气能与空气形成范围广阔的爆炸性混合物。遇热源和明火有燃烧爆炸的危险。与氧化剂能发生强烈反应。流速过快，容易产生和积聚静电。

(3) 其蒸气比空气重，能在较低处扩散到相当远的地方，遇火源会着火回燃。

(4) 二甲苯的爆炸极限为1.1%~7.0%（体积），闪点为25℃。

(5) 毒性较强，处置难度大。二甲苯对外露皮肤具有一定的刺激性，吸入浓度高、量大的二甲苯能致人死亡。发生泄漏的部位及压力等因素各不相同，处置要求高，难度大。

(6) 二甲苯的溶解性：不溶于水；可混溶于乙醇、乙醚、氯仿等多数有机溶剂。

(7) 切断泄漏蒸气源。若不能切断气源，则不允许熄灭泄漏处的火焰。喷水冷却容器，可能的话将容器从火场移至空旷处。灭火剂：雾状水、泡沫、干粉、二氧化碳、沙土。

(8) 急救措施

皮肤接触：脱去污染的衣着，用肥皂水和清水彻底冲洗皮肤。

眼睛接触：提起眼睑，用流动清水或生理盐水冲洗。就医。

吸入：迅速脱离现场至空气新鲜处。保持呼吸道通畅。如呼吸困难，给输氧。如呼吸停止，立即进行人工呼吸。就医。

食入：饮足量温水，催吐。就医。

21.3 接警调度

(1) 消防支（中）队119指挥中心接到二甲苯泄漏报警时，重点要询问泄漏容器、地点、时间、部位、强度和范围，是否有人员伤亡和被困。

(2) 随时做好与报警单位和报警人员保持联系，充分掌握事态发展变化状况，加强与赶赴现场的责任队指挥员、支队指挥员的沟通与汇报。

(3) 指挥中心接警后在调派责任队的同时立即向支（中）队

值班领导汇报情况，根据支(中)队值班领导的命令调集增援力量。并向所属公司总调度汇报情况。

21.4 现场力量调集

(1) 责任中队接到指挥中心指令后，按照管辖区域迅即出动，指挥员要进一步与支(中)队119指挥中心了解现场情况，同时观察当日风向，必须选择上风方向接近现场。

(2) 车辆装备的调集主要是支(中)队现有的抢险救援车、气防车、泡沫车、干粉车、水罐车为主。同时根据现场情况调集支队储备的空气呼吸器、防护服、避火服，如遇有紧急情况请求总调调集各生产单位空气呼吸器送往一线。

(3) 消防支(中)队119指挥中心在做好支队力量调集的同时，迅速向公司总调汇报情况，由公司调集生产部门、安环部门、设备部门、动力部门等相关单位到场协助处置。

21.5 现场处置

21.5.1 侦察检测

(1) 责任队到场后首先要将本队车辆置于上风或侧上风方向，指挥员要视污染现场初步情况，在小范围泄漏情况下保持本队与事故地点不小于100m的距离；在大范围泄漏情况下保持本队与事故地点不小于150m的距离。

(2) 责任队指挥员要立即向现场的岗位职工、技术人员询问了解情况，根据当日风向、风力，掌握泄漏区域二甲苯的浓度和扩散的方向。

(3) 查明被困、遇险人员数量、位置，制定好营救路线，组织抢险组做好个人防护工作，深入现场抢救被困遇险人员。

(4) 掌握泄漏部位周边毗邻情况，如储罐区则要进一步了解储罐数量、泄漏储罐储存量及邻近罐储量、管线和罐区的总储量。

(5) 充分利用现场的消防水源，消防车辆要远离现场，以串联供水的方式实行远距离供水，指挥员可以部署战斗力量就近使用消火栓直接供水，同时尽量减少一线人员数量，少出水枪，多出自动炮或移动炮(使用人员少的装备)控制泄漏区域。

21.5.2 疏散与警戒

(1) 在事故单位前期疏散人员情况的基础上，进一步强制滞留人员远离污染现场，在泄漏区域及扩散可能涉及范围内除救援人员外，其他人员一律强制疏散隔离到区域之外。

(2) 气防站(或特勤)指挥员要立即开展对泄漏污染区域的检测工作，根据检测的结果，在事故单位原有警戒线的位置，以泄漏浓度值为爆炸下限的20%为标准确定警戒范围。以检测结果划分重危区、轻危区、安全区，引导公司负责警戒部门扩大警戒范围，合理设置出入口，严格控制进入警戒区特别是重危区的人员、车辆、物资。

(3) 根据有关专业部门检测情况，支队随时调整进攻力量部署以及警戒位置。

21.5.3 禁绝火源

事故区域各种使用的电源、火源要全部切断，停止使用，禁止和消除警戒区内一切能引起燃烧爆炸的火焰条件。凡是进入现场人员一律不得使用移动电话，非防爆通信设备、照明设备。各级指挥员首先要对进入现场的战斗人员进行检查，所有以上所列的物品不得带入现场。

21.5.4 个人防护

(1) 凡是在前段下风或距泄漏点最近的方向执行堵截与稀释任务的战斗人员，必须按照要求穿着重型防化服、轻便防化服、避火服，佩戴空气呼吸器，一线作战人员必须戴消防手套。

(2) 凡是在中段执行下风或距泄漏点最近的方向任务的战斗人员，必须穿着轻便防化服，佩戴空气呼吸器。

(3) 在后段执行任务的战斗人员，可由现场指挥员依据实际情况酌定。

21.5.5　消防救生小组

由气防站(或特勤)组成救护小组，担负现场救生任务，救生人员必须穿着防化服，佩戴空气呼吸器，携带救生器材进入警界区域之内，采取正确的救助方式，将遇险人员转移至安全区，对救出的人员进行登记、标识和现场简单的救治处理，并送交医疗急救部门。

21.5.6　处置论证

支(中)队组织事故单位、安环部、生产部、设备部等相关部门技术人员或专家判断事故状况，提供技术支持，制定抢险救援方案。切断火源。尽可能切断泄漏源。防止进入下水道、排洪沟等限制性空间。小量泄漏：用活性炭或其他惰性材料吸收。也可以用不燃性分散剂制成的乳液刷洗，洗液稀释后放入废水系统。大量泄漏：构筑围堤或挖坑收容。用泡沫覆盖，抑制蒸发。用防爆泵转移至槽车或专用收集器内，回收或运至废物处理场所处置。

21.5.7　现场水源供给

支(中)队制定统一供水方案，选定前、后方水源，调集高效的供水车辆和装备，采取远距离的供水方法，保证一线用水。

21.5.8　稀释降毒

(1) 启用现场单位的水喷淋等固定设施、蒸汽设施、固定炮的消防设施。

(2) 使用多功能水枪、喷雾水枪、自动移动炮等专用消防设备，在易泄漏点位中心，设置水幕、蒸汽幕或铺设水幕水带，进行稀释降毒，采用雾状射流形成水幕，防止泄漏的二甲苯向重要部位或危险源扩散。

21.5.9　处置程序(关阀堵漏)

(1) 生产装置或管道发生泄漏，阀门尚未破坏时，可协助技术人员或在技术人员指导下，使用喷雾水枪掩护，关闭阀门，制止泄漏。

（2）罐体、管道、阀门、法兰泄漏，作战人员要积极配合、掩护公司专业堵漏部门实施堵漏。

21.5.10　输转倒罐

（1）使用防爆型的通风系统和设备。防止气体泄漏到工作场所空气中。避免与氧化剂、接触。搬运时要轻装轻卸，防止包装及容器损坏。在传送过程中，钢瓶和容器必须接地和跨接，防止产生静电。禁止撞击和震荡。

（2）在确保现场安全的条件下，利用车载式或移动式防爆泵直接向外部罐车倒罐，防爆泵倒罐可分为现场倒罐和异地倒罐两种，灌装时应控制流速，且有接地装置，防止静电积聚。作业区环境二甲苯浓度必须低于爆炸下限60%时，方可采用实施倒罐。

（3）惰性气体置换，通过气相阀，向槽车或容器有控制地释放氮气等惰性气体，将二甲苯置换到其他容器储罐。

（4）利用压力差倒罐，利用水平落差产生的自然压力将事故罐的物料导入其他储罐容器或槽车，降低危险程度。

（5）实施倒罐作业时，管线、设备必须做到良好接地，否则决不允许实施倒罐。

21.5.11　化学中和

溶解性：可混溶于乙醇、乙醚、氯仿等多数有机溶剂。防止进入下水道、排洪沟等限制性空间。小量泄漏：用活性炭或其他惰性材料吸收。也可以用不燃性分散剂制成的乳液刷洗，洗液稀释后放入废水系统。大量泄漏：构筑围堤或挖坑收容。用泡沫覆盖，抑制蒸发。用防爆泵转移至槽车或专用收集器内，回收或运至废物处理场所处置。

21.5.12　洗消处理

（1）在危险区和安全区交界处设立洗消站。

（2）洗消对象：轻度中毒人员、重度中毒人员在送医院治疗之前、现场的各级人员以及抢险救援器材装备。

(3) 洗消方法：物理洗消法，即用吸附垫、活性炭等具有吸附能力的物质，吸附回收后转移处理，对染毒空气可用排烟机吹散降毒。也可对污染区暂时封闭，依靠自然条件如日晒、雨淋、通风等使毒气消失。也可喷射雾状水进行稀释降毒。

(4) 洗消和处置用水排放必须经过公司环保部门检测，防止二次污染。

21.5.13　后续现场清理

(1) 继续使用喷雾水、蒸汽或惰性气体清扫现场内事故设备、罐、管道、低洼、排水沟等处，确保不留残液。

(2) 作战中队结束战斗后要立即清点本队人员是否到齐，收集整理器材装备。

(3) 撤除警戒，做好现场移交，安全撤离。

21.5.14　二甲苯泄漏救援处置程序总体要求

(1) 在行动开始之初，指挥员必须观察当天风向，保持与119指挥中心的沟通，所有车辆必须选择上风方向逐渐接近现场，并保持一定距离，停靠在上风方向的适当位置。一线作战使用的水源尽量使用上风方向水源。

(2) 水枪阵地的设置尽量选择上风、侧上风作为进攻路线。选择灭火剂以泡沫为主要处置用剂。

(3) 支(中)队指挥部的设置应在上风方向或设置在警戒区以外，并远离高空管廊。

(4) 一切行动要绝对服从命令，采取的行动要严防引发爆炸，进入危险区域的作战人员要挑选素质好、业务强的队员，如遇雷电天气，要慎重采取行动。

(5) 注意观察救援人员的身体状况，并进行健康跟踪检查。对轻微中毒人员应立即转移到空气新鲜处，对接触毒物的皮肤、面部可用肥皂水或清水冲洗，症状严重者立即送医院治疗。

(6) 二甲苯的生产、储存装置发生泄漏事故，主要由公司和事故单位负责处置，消防支(中)队负责协助、掩护。当事故单位不能采取有效措施时，救援人员应在工程技术人员的指导下配合行动，严禁盲目采取行动。

22 汽油泄漏事故救援与处置

汽油作为一种重要的化工原料，主要用汽油机的燃料，用于橡胶、制鞋、印刷、制革、颜料等行业，也可用作机械零件的去污剂。在生产、储存、运输、使用过程中发生泄漏，极易发生燃烧爆炸和中毒事故，造成人员伤亡和区域性污染。

22.1 汽油危害性概述

(1) 危险性类别：第3.1类，低闪点易燃液体。

(2) 危险性综述：本品极度易燃。

(3) 侵入途径：吸入、食入、经皮吸收。

(4) 健康危害：急性中毒：对中枢神经系统有麻醉作用。轻度中毒症状有头晕、头痛、恶心、呕吐、步态不稳、共济失调。高浓度吸入出现中毒性脑病。极高浓度吸入引起意识突然丧失、反射性呼吸停止。可伴有中毒性周围神经病及化学性肺炎。部分患者出现中毒性精神病。液体吸入呼吸道可引起吸入性肺炎。溅入眼内可致角膜溃疡、穿孔，甚至失明。皮肤接触致急性接触性皮炎，甚至灼伤。吞咽引起急性胃肠炎，重者出现类似急性吸入中毒症状，并可引起肝、肾损害。慢性中毒：神经衰弱综合征、植物神经功能紊乱、周围神经病。严重中毒出现中毒性脑病，症状类似精神分裂症。皮肤损害。

22.2 事故特点

(1) 扩散迅速，危害范围大。汽油泄漏后为液相，其挥发出来的蒸气与空气混合后可形成爆炸性气体，并形成大面积扩散区。

（2）易发生燃烧，其蒸气与空气可形成爆炸性混合物，遇明火、高热极易燃烧爆炸。与氧化剂能发生强烈反应。

（3）其蒸气比空气重，能在较低处扩散到相当远的地方，遇火源会着火回燃。

（4）汽油的爆炸极限为1.3%~6.0%(体积)，闪点为-50℃。

（5）闪点低，处置难度大。汽油对人体具有一定的刺激性，吸入浓度高、量大的汽油能致人死亡。发生泄漏的部位及压力等因素各不相同，处置要求高，难度大。

（6）汽油的溶解性：不溶于水，易溶于苯、二硫化碳、醇、脂肪。

（7）切断泄漏源。喷水冷却容器，可能的话将容器从火场移至空旷处。灭火剂：泡沫、干粉、二氧化碳、用水灭火无效。

22.3 急救措施

（1）皮肤接触：立即脱去污染的衣着，用肥皂水和清水彻底冲洗皮肤。就医。

（2）眼睛接触：立即提起眼睑，用大量流动清水或生理盐水彻底冲洗至少15min。就医。

（3）吸入：迅速脱离现场至空气新鲜处。保持呼吸道通畅。如呼吸困难，给输氧。如呼吸停止，立即进行人工呼吸。就医。

（4）食入：给饮牛奶或用植物油洗胃和灌肠。就医。

22.4 接警调度

（1）消防支(中)队119指挥中心接到汽油泄漏报警时，重点要询问泄漏容器、地点、时间、部位、强度和范围，是否有人员伤亡和被困。

（2）随时做好与报警单位和报警人员保持联系，充分掌握事态发展变化状况，加强与赶赴现场的责任队指挥员、支(中)队指挥员的沟通与汇报。

(3) 指挥中心接警后在调派责任队的同时立即向支(中)队值班领导汇报情况，根据支队值班领导的命令调集增援力量。并向所属公司总调度汇报情况。

22.5 现场力量调集

(1) 责任中队接到指挥中心指令后，按照管辖区域迅即出动，指挥员要进一步与支(中)队 119 指挥中心了解现场情况，同时观察当日风向，必须选择上风方向接近现场。

(2) 车辆装备的调集主要是支(中)队现有的抢险救援车、气防车、泡沫车、干粉车、水罐车为主，并优先调集大型泡沫消防车。同时根据现场情况调集支队储备的空气呼吸器、隔热服、防护服、避火服，如遇有紧急情况请求总调度调集各生产单位空气呼吸器送往一线。

(3) 消防支(中)队 119 指挥中心在做好力量调集的同时，迅速向公司总调度汇报情况，由公司调集生产部门、安环部门、设备部门、动力部门等相关单位到场协助处置。

22.6 现场处置

22.6.1 侦察检测

(1) 责任队到场后首先要将本队车辆置于上风或侧上风方向，指挥员要视泄漏现场初步情况，在小范围泄漏情况下保持本队与事故地点不小于 100m 的距离；在大范围泄漏情况下保持本队与事故地点不小于 150m 的距离。

(2) 责任队指挥员要立即向现场的岗位职工、技术人员询问了解情况，根据当日风向、风力，掌握泄漏汽油的浓度和扩散的方向。

(3) 查明被困、遇险人员数量、位置，制定好营救路线，组织抢险组做好个人防护工作，深入现场抢救被困遇险人员。

（4）掌握泄漏部位周边毗邻情况，如储罐区则要进一步了解储罐数量、泄漏储罐储存量及邻近罐储量、管线和罐区的总储量。

（5）充分利用现场的消防水源，消防车辆要远离现场，车辆没有防火帽的一律不准驶入现场，尽量以串联供水的方式实行远距离供水，指挥员可以部署战斗力量就近使用消火栓直接供水，同时尽量减少一线人员数量，少出水枪，多出自动炮或移动炮(使用人员少的装备)，根据泄漏范围面积部署一定的泡沫管枪对泄漏的汽油进行覆盖，控制泄漏区域面积增大，减缓汽油的挥发。

22.6.2 疏散与警戒

（1）在事故单位前期疏散人员情况的基础上，进一步强制滞留人员远离污染现场，在泄漏区域及扩散可能涉及范围内除救援人员外，其他人员一律强制疏散隔离到区域之外。

（2）气防站(或特勤)指挥员要立即开展对泄漏污染区域的检测工作，根据检测的结果，在事故单位原有警戒线的位置，以泄漏浓度值为爆炸下限的20%为标准确定警戒范围。以检测结果划分重危区、轻危区、安全区，引导公司负责警戒部门扩大警戒范围，合理设置出入口，严格控制进入警戒区特别是重危区的人员、车辆、物资。

（3）根据有关专业部门检测情况，支(中)队随时调整进攻力量部署以及警戒位置。

22.6.3 禁绝火源

事故区域各种使用的电源、火源要全部切断，停止使用，禁止和消除警戒区内一切能引起燃烧爆炸的火焰条件。凡是进入现场人员一律不得使用移动电话，非防爆通信设备、照明设备。各级指挥员首先要对进入现场的战斗人员进行检查，所有以上所列的物品不得带入现场。

22.6.4　个人防护

(1) 凡是在前段下风或距泄漏点最近的方向执行堵截与稀释任务的战斗人员，必须按照要求穿着重型防化服、轻便防化服、避火服、隔热服，佩戴空气呼吸器。

(2) 凡是在中段执行下风或距泄漏点最近的方向任务的战斗人员，必须穿着轻便防化服，佩戴空气呼吸器。

(3) 在后段执行任务的战斗人员，可由现场指挥员依据实际情况酌定。

22.6.5　消防救生小组

由气防站(或特勤)组成救护小组，担负现场救生任务，救生人员必须穿着防化服，佩戴空气呼吸器，携带救生器材进入警界区域之内，采取正确的救助方式，将遇险人员转移至安全区，对救出的人员进行登记、标识和现场简单的救治处理，并送交医疗急救部门。

22.6.6　处置论证

支(中)队组织事故单位、安环部、生产部、设备部等相关部门技术人员或专家判断事故状况，提供技术支持，制定抢险救援方案。切断火源。尽可能切断泄漏源。防止进入下水道、排洪沟等限制性空间。小量泄漏：用沙土、蛭石或其他惰性材料吸收。或在保证安全情况下，就地焚烧。大量泄漏：构筑围堤或挖坑收容。用泡沫覆盖，降低蒸气灾害。用防爆泵转移至槽车或专用收集器内，回收或运至废物处理场所处置。

22.6.7　现场水源供给

支(中)队制定统一供水方案，选定前、后方水源，调集高效的供水车辆和装备，采取远距离的供水方法，保证一线用水。

22.6.8　稀释降毒

(1) 启用现场单位的水喷淋等固定设施、蒸汽设施、固定炮的消防设施。

(2) 使用泡沫管枪、多功能水枪、喷雾水枪、自动移动炮等专用消防设备，以泄漏点为中心，设置水幕、蒸汽幕或铺设水幕水带，进行稀释降毒，采用雾状射流形成水幕，防止泄漏的汽油蒸气向重要部位或危险源扩散。

22.6.9 处置程序(关阀堵漏)

(1) 生产装置或管道发生泄漏，阀门尚未破坏时，可协助技术人员或在技术人员指导下，使用喷雾水枪掩护，关闭阀门，制止泄漏。

(2) 罐体、管道、阀门、法兰泄漏，作战人员要积极配合、掩护公司专业堵漏部门实施堵漏。

22.6.10 输转倒罐

(1) 使用防爆型的通风系统和设备。防止蒸气泄漏到工作场所空气中。避免与氧化剂、接触。灌装时应控制流速，且有接地装置，防止静电积聚。

(2) 在确保现场安全的条件下，利用车载式或移动式防爆泵直接向外部罐车倒罐，防爆泵倒罐可分为现场倒罐和异地倒罐两种，灌装时应控制流速，且有接地装置，防止静电积聚。作业区环境汽油浓度必须低于爆炸下限60%时，方可采用实施倒罐。

(3) 惰性气体置换，通过气相阀，向槽车或容器有控制地释放氮气等惰性气体，将汽油置换到其他容器储罐。

(4) 利用压力差倒罐，利用水平落差产生的自然压力将事故罐的物料导入其他储罐容器或槽车，降低危险程度。

(5) 实施倒罐作业时，管线、设备必须做到良好接地，否则决不允许实施倒罐。

22.6.11 化学中和

溶解性：不溶于水，易溶于苯、二硫化碳、醇、脂肪。防止进入下水道、排洪沟等限制性空间。小量泄漏：用沙土、蛭石或其他惰性材料吸收。或在保证安全情况下，就地焚烧。大量泄漏：构筑围堤或挖坑收容。用泡沫覆盖，降低蒸气灾害。

用防爆泵转移至槽车或专用收集器内，回收或运至废物处理场所处置。

22.6.12 洗消处理

(1) 在危险区和安全区交界处设立洗消站。

(2) 洗消对象：轻度中毒人员、重度中毒人员在送医院治疗之前、现场的各级人员以及抢险救援器材装备。

(3) 洗消方法：物理洗消法，即用吸附垫、活性炭等具有吸附能力的物质，吸附回收后转移处理，对染毒空气可用排烟机吹散降毒。也可对污染区暂时封闭，喷射雾状水进行稀释。

(4) 洗消和处置用水排放必须经过公司环保部门检测，防止二次污染。

22.6.13 后续现场清理

(1) 继续使用喷雾水、蒸汽或惰性气体清扫现场内事故设备、罐、管道、低洼、排水沟等处，确保不留残液。

(2) 作战中队结束战斗后要立即清点本队人员是否到齐，收集整理器材装备。

(3) 撤除警戒，做好现场移交，安全撤离。

22.6.14 汽油泄漏救援处置程序总体要求

(1) 在行动开始之初，指挥员必须观察当天风向，保持与119指挥中心的沟通，所有车辆必须选择上风方向逐渐接近现场，并保持一定距离，停靠在上风方向的适当位置。一线作战使用的水源尽量使用上风方向水源。

(2) 水枪阵地的设置尽量选择上风、侧上风作为进攻路线。选择灭火剂以泡沫为主要处置用剂。

(3) 支(中)队指挥部的设置应在上风方向或设置在警戒区以外，并远离高空管廊。

(4) 一切行动要绝对服从命令，采取的行动要严防引发爆炸，进入危险区域的作战人员要挑选素质好、业务强的队员，如遇雷电天气，要慎重采取行动。

(5) 注意观察救援人员的身体状况，并进行健康跟踪检查。对轻微中毒人员应立即转移到空气新鲜处，对接触毒物的皮肤、面部可用肥皂水或清水冲洗，症状严重者立即送医院治疗。

(6) 汽油的生产、储存装置发生泄漏事故，主要由公司和事故单位负责处置，消防支(中)队负责协助、掩护。当事故单位不能采取有效措施时，救援人员应在工程技术人员的指导下配合行动，严禁盲目采取行动。

23 石脑油泄漏事故救援与处置

石脑油作为一种重要的化工原料，主要用作可分离出多种有机原料，如汽油、苯、煤油、沥青等。在生产、储存、运输、使用过程中发生泄漏，极易发生燃烧爆炸和中毒事故，造成人员伤亡和区域性污染。

23.1 石脑油危害性概述

(1) 危险性类别：第3.2类，中闪点易燃液体。

(2) 危险性综述：本品易燃，具刺激性，对环境有危害，对水体、土壤和大气可造成污染。

(3) 侵入途径：吸入、食入。

(4) 健康危害：石脑油蒸气可引起眼及上呼吸道刺激症状，如浓度过高，几分钟即可引起呼吸困难、紫绀等缺氧症状。

23.2 事故特点

(1) 扩散迅速，危害范围大。石脑油泄漏后为液相，其挥发出来的蒸气与空气混合后可形成爆炸性气体，并形成大面积扩散区。

(2) 易发生燃烧，其蒸气与空气可形成爆炸性混合物，遇明火、高热能引起燃烧爆炸。与氧化剂能发生强烈反应。

(3) 其蒸气比空气重，能在较低处扩散到相当远的地方，遇火源会着火回燃。

(4) 石脑油的爆炸极限为1.1%~8.7%(体积)，闪点为-2℃。

（5）处置难度大。石脑油对人体具有一定的刺激性，吸入浓度高、量大的石脑油能致人死亡。发生泄漏的部位及压力等因素各不相同，处置要求高，难度大。

（6）石脑油的溶解性：不溶于水，溶于多数有机溶剂。

（7）喷水冷却容器，可能的话将容器从火场移至空旷处。处在火场中的容器若已变色或从安全泄压装置中产生声音，必须马上撤离。灭火剂：泡沫、二氧化碳、干粉、沙土。用水灭火无效。

23.3 急救措施

（1）皮肤接触：脱去污染的衣着，用肥皂水和清水彻底冲洗皮肤。

（2）眼睛接触：提起眼睑，用流动清水或生理盐水冲洗。就医。

（3）吸入：迅速脱离现场至空气新鲜处。保持呼吸道通畅。如呼吸困难，给输氧。如呼吸停止，立即进行人工呼吸。就医。

（4）食入：用水漱口，给饮牛奶或蛋清。就医。

23.4 接警调度

（1）消防支(中)队 119 指挥中心接到石脑油泄漏报警时，重点要询问泄漏容器、地点、时间、部位、强度和范围，是否有人员伤亡和被困。

（2）随时做好与报警单位和报警人员保持联系，充分掌握事态发展变化状况，加强与赶赴现场的责任队指挥员、支(中)队指挥员的沟通与汇报。

（3）指挥中心接警后在调派责任队的同时立即向支(中)队值班领导汇报情况，根据支(中)队值班领导的命令调集增援力量。并向所属公司总调度汇报情况。

23.5 现场力量调集

(1) 责任中队接到指挥中心指令后，按照管辖区域迅即出动，指挥员要进一步与支队119指挥中心了解现场情况，同时观察当日风向，必须选择上风方向接近现场。

(2) 车辆装备的调集主要是支(中)队现有的抢险救援车、气防车、泡沫车、干粉车、水罐车为主，并优先调集大型泡沫消防车。同时根据现场情况调集支(中)队储备的空气呼吸器、隔热服、防护服、避火服，如遇有紧急情况请求总调调集各生产单位空气呼吸器送往一线。

(3) 消防支(中)队119指挥中心在做好力量调集的同时，迅速向公司总调度汇报情况，由公司调集生产部门、安环部门、设备部门、动力部门等相关单位到场协助处置。

23.6 现场处置

23.6.1 侦察检测

(1) 责任队到场后首先要将本队车辆置于上风或侧上风方向，指挥员要视泄漏现场初步情况，在小范围泄漏情况下保持本队与事故地点不小于100m的距离；在大范围泄漏情况下保持本队与事故地点不小于150m的距离。

(2) 责任队指挥员要立即向现场的岗位职工、技术人员询问了解情况，根据当日风向、风力，掌握泄漏石脑油的浓度和扩散的方向。

(3) 查明被困、遇险人员数量、位置，制定好营救路线，组织抢险组做好个人防护工作，深入现场抢救被困遇险人员。

(4) 掌握泄漏部位周边毗邻情况，如储罐区则要进一步了解储罐数量、泄漏储罐储存量及邻近罐储量、管线和罐区的总储量。

(5) 充分利用现场的消防水源，消防车辆要远离现场，车辆没有防火帽的一律不准驶入现场，尽量以串联供水的方式实行远距离供水，指挥员可以部署战斗力量就近使用消火栓直接供水，同时尽量减少一线人员数量，少出水枪，多出自动炮或移动炮(使用人员少的装备)，根据泄漏范围面积部署一定的泡沫管枪对泄漏的石脑油进行覆盖，控制泄漏区域面积增大，减缓石脑油的挥发。

23.6.2 疏散与警戒

(1) 在事故单位前期疏散人员情况的基础上，进一步强制滞留人员远离污染现场，在泄漏区域及扩散可能涉及范围内除救援人员外，其他人员一律强制疏散隔离到区域之外。

(2) 气防站(或特勤)指挥员要立即开展对泄漏污染区域的检测工作，根据检测的结果，在事故单位原有警戒线的位置，以泄漏浓度值为爆炸下限的20%为标准确定警戒范围。以检测结果划分重危区、轻危区、安全区，引导公司负责警戒部门扩大警戒范围，合理设置出入口，严格控制进入警戒区特别是重危区的人员、车辆、物资。

(3) 根据有关专业部门检测情况，支队随时调整进攻力量部署以及警戒位置。

23.6.3 禁绝火源

事故区域各种使用的电源、火源要全部切断，停止使用，禁止和消除警戒区内一切能引起燃烧爆炸的火焰条件。凡是进入现场人员一律不得使用移动电话，非防爆通信设备、照明设备。各级指挥员首先要对进入现场的战斗人员进行检查，所有以上所列的物品不得带入现场。

23.6.4 个人防护

(1) 凡是在前段下风或距泄漏点最近的方向执行堵截与稀释任务的战斗人员，必须按照要求穿着重型防化服、轻便防化服、避火服、隔热服，佩戴空气呼吸器。

(2) 凡是在中段执行下风或距泄漏点最近的方向任务的战

斗人员，必须穿着轻便防化服，佩戴空气呼吸器。

(3) 在后段执行任务的战斗人员，可由现场指挥员依据实际情况酌定。

23.6.5　消防救生小组

由气防站(或特勤)组成救护小组，担负现场救生任务，救生人员必须穿着防化服，佩戴空气呼吸器，携带救生器材进入警界区域之内，采取正确的救助方式，将遇险人员转移至安全区，对救出的人员进行登记、标识和现场简单的救治处理，并送交医疗急救部门。

23.6.6　处置论证

支(中)队组织事故单位、安环部、生产部、设备部等相关部门技术人员或专家判断事故状况，提供技术支持，制定抢险救援方案。切断火源。尽可能切断泄漏源。防止进入下水道、排洪沟等限制性空间。防止进入下水道、排洪沟等限制性空间。小量泄漏：用沙土、蛭石或其他惰性材料吸收。大量泄漏：构筑围堤或挖坑收容。用泡沫覆盖，降低蒸气灾害。用防爆泵转移至槽车或专用收集器内，回收或运至废物处理场所处置。

23.6.7　现场水源供给

支(中)队制定统一供水方案，选定前、后方水源，调集高效的供水车辆和装备，采取远距离的供水方法，保证一线用水。

23.6.8　稀释降毒

(1) 启用现场单位的水喷淋等固定设施、蒸汽设施、固定炮的消防设施。

(2) 使用泡沫管枪、多功能水枪、喷雾水枪、自动移动炮等专用消防设备，以泄漏点为中心，设置水幕、蒸汽幕或铺设水幕水带，进行稀释降毒，采用雾状射流形成水幕，防止泄漏的石脑油蒸气向重要部位或危险源扩散。

23.6.9　处置程序(关阀堵漏)

(1) 生产装置或管道发生泄漏，阀门尚未破坏时，可协助技术人员或在技术人员指导下，使用喷雾水枪掩护，关闭阀门，制止泄漏。

（2）罐体、管道、阀门、法兰泄漏，作战人员要积极配合、掩护公司专业堵漏部门实施堵漏。

23.6.10　输转倒罐

（1）使用防爆型的通风系统和设备。防止蒸气泄漏到工作场所空气中。避免与氧化剂、接触。灌装时应控制流速，且有接地装置，防止静电积聚。

（2）在确保现场安全的条件下，利用车载式或移动式防爆泵直接向外部罐车倒罐，防爆泵倒罐可分为现场倒罐和异地倒罐两种，灌装时应控制流速，且有接地装置，防止静电积聚。作业区环境石脑油浓度必须低于爆炸下限60%时，方可采用实施倒罐。

（3）惰性气体置换，通过气相阀，向槽车或容器有控制地释放氮气等惰性气体，将石脑油置换到其他容器储罐。

（4）利用压力差倒罐，利用水平落差产生的自然压力将事故罐的物料导入其他储罐容器或槽车，降低危险程度。

（5）实施倒罐作业时，管线、设备必须做到良好接地，否则决不允许实施倒罐。

23.6.11　化学中和

溶解性：不溶于水、溶于多数有机溶剂。使用防爆型的通风系统和设备。防止蒸气泄漏到工作场所空气中。避免与氧化剂接触。灌装时应控制流速，且有接地装置，防止静电积聚。搬运时要轻装轻卸，防止包装及容器损坏。配备相应品种和数量的消防器材及泄漏应急处理设备。倒空的容器可能残留有害物。

23.6.12　洗消处理

（1）在危险区和安全区交界处设立洗消站。

（2）洗消对象：轻度中毒人员、重度中毒人员在送医院治疗之前、现场的各级人员以及抢险救援器材装备。

（3）洗消方法：物理洗消法，即用吸附垫、活性炭等具有吸附能力的物质，吸附回收后转移处理，对染毒空气可用排烟机吹散降毒。也可对污染区暂时封闭，喷射雾状水进行稀释。

（4）洗消和处置用水排放必须经过公司环保部门检测，防止二次污染。

23.6.13 后续现场清理

（1）继续使用喷雾水、蒸汽或惰性气体清扫现场内事故设备、罐、管道、低洼、排水沟等处，确保不留残液。

（2）作战中队结束战斗后要立即清点本队人员是否到齐，收集整理器材装备。

（3）撤除警戒，做好现场移交，安全撤离。

23.6.14 石脑油泄漏救援处置程序总体要求

（1）在行动开始之初，指挥员必须观察当天风向，保持与119指挥中心的沟通，所有车辆必须选择上风方向逐渐接近现场，并保持一定距离，停靠在上风方向的适当位置。一线作战使用的水源尽量使用上风方向水源。

（2）水枪阵地的设置尽量选择上风、侧上风作为进攻路线。选择灭火剂以泡沫为主要处置用剂。

（3）支(中)队指挥部的设置应在上风方向或设置在警戒区以外，并远离高空管廊。

（4）一切行动要绝对服从命令，采取的行动要严防引发爆炸，进入危险区域的作战人员要挑选素质好、业务强的队员，如遇雷电天气，要慎重采取行动。

（5）注意观察救援人员的身体状况，并进行健康跟踪检查。对轻微中毒人员应立即转移到空气新鲜处，对接触毒物的皮肤、面部可用肥皂水或清水冲洗，症状严重者立即送医院治疗。

（6）石脑油的生产、储存装置发生泄漏事故，主要由公司和事故单位负责处置，消防支(中)队负责协助、掩护。当事故单位不能采取有效措施时，救援人员应在工程技术人员的指导下配合行动，严禁盲目采取行动。

24 戊烷泄漏事故救援与处置

戊烷作为一种重要的化工原料，主要用作溶剂，制造人造冰、麻醉剂，合成戊醇、异戊烷等。在生产、储存、运输、使用过程中发生泄漏，极易发生燃烧爆炸和中毒事故，造成人员伤亡和区域性污染。

24.1 戊烷危害性概述

(1) 危险性类别：第3.1类，低闪点易燃液体。

(2) 危险性综述：本品极度易燃。

(3) 侵入途径：吸入、食入。

(4) 健康危害：高浓度可引起眼与呼吸道黏膜轻度刺激症状和麻醉状态，甚至意识丧失。慢性作用为眼和呼吸道的轻度刺激。可引起轻度皮炎。

(5) 外观与形状：无色液体，有微弱的薄荷香味。

24.2 事故特点

(1) 扩散迅速，危害范围大。其蒸气与空气可形成爆炸性混合物，遇明火、高热极易燃烧爆炸。

(2) 极易燃，与氧化剂接触发生强烈反应，甚至引起燃烧。液体比水轻，不溶于水，可随水漂流扩散到远处，遇明火即引起燃烧。在火场中，受热的容器有爆炸危险。其蒸气比空气重，能在较低处扩散到相当远的地方，遇火源会着火回燃。

(3) 戊烷的爆炸极限为1.7%~9.80%（体积），引燃温度为260℃。

(4) 处置难度大。戊烷对人体具有一定的刺激性。发生泄漏的部位及压力等因素各不相同，处置要求高，难度大。

(5) 戊烷的溶解性：微溶于水，溶于乙醇、乙醚、丙酮、苯、氯仿等多数有机溶剂。

(6) 喷水冷却容器，可能的话将容器从火场移至空旷处。处在火场中的容器若已变色或从安全泄压装置中产生声音，必须马上撤离。灭火剂：泡沫、二氧化碳、干粉、沙土。用水灭火无效。

24.3 急救措施

(1) 皮肤接触：脱去污染的衣着，用肥皂水和清水彻底冲洗皮肤。

(2) 眼睛接触：提起眼睑，用流动清水或生理盐水冲洗。就医。

(3) 吸入：迅速脱离现场至空气新鲜处。保持呼吸道通畅。如呼吸困难，给输氧。如呼吸停止，立即进行人工呼吸。就医。

(4) 食入：饮足量温水，催吐。就医。

24.4 接警调度

(1) 消防支(中)队119指挥中心接到戊烷泄漏报警时，重点要询问泄漏容器、地点、时间、部位、强度和范围，是否有人员伤亡和被困。

(2) 随时做好与报警单位和报警人员保持联系，充分掌握事态发展变化状况，加强与赶赴现场的责任队指挥员、支(中)队指挥员的沟通与汇报。

(3) 指挥中心接警后在调派责任队的同时立即向支(中)队值班领导汇报情况，根据支(中)队值班领导的命令调集增援力量。并向所属公司总调度汇报情况。

24.5 现场力量调集

(1) 责任中队接到指挥中心指令后，按照管辖区域迅即出动，指挥员要进一步与支队 119 指挥中心了解现场情况，同时观察当日风向，必须选择上风方向接近现场。

(2) 车辆装备的调集主要是支(中)队现有的抢险救援车、气防车、泡沫车、干粉车、水罐车为主。同时根据现场情况调集支(中)队储备的空气呼吸器、隔热服、防护服、避火服，如遇有紧急情况请求总调调集各生产单位空气呼吸器送往一线。

(3) 消防支(中)队 119 指挥中心在做好力量调集的同时，迅速向公司总调度汇报情况，由公司调集生产部门、安环部门、设备部门、动力部门等相关单位到场协助处置。

24.6 现场处置

24.6.1 侦察检测

(1) 责任队到场后首先要将本队车辆置于上风或侧上风方向，指挥员要视泄漏现场初步情况，在小范围泄漏情况下保持本队与事故地点不小于 50m 的距离；在大范围泄漏情况下保持本队与事故地点不小于 100m 的距离。

(2) 责任队指挥员要立即向现场的岗位职工、技术人员询问了解情况，根据当日风向、风力，掌握泄漏汽油的浓度和扩散的方向。

(3) 查明被困、遇险人员数量、位置，制定好营救路线，组织抢险组做好个人防护工作，深入现场抢救被困遇险人员。

(4) 掌握泄漏部位周边毗邻情况，如储罐区则要进一步了解储罐数量、泄漏储罐储存量及邻近罐储量、管线和罐区的总储量。

(5) 充分利用现场的消防水源，消防车辆要远离现场，车辆没有防火帽的一律不准驶入现场，尽量以串联供水的方式实行远距离供水，指挥员可以部署战斗力量就近使用消火栓直接供水，同时尽量减少一线人员数量，少出水枪，多出自动炮或移动炮(使用人员少的装备)，根据泄漏范围面积部署一定的泡沫管枪对泄漏的戊烷进行覆盖，控制泄漏区域面积增大，减缓戊烷的挥发。

24.6.2 疏散与警戒

(1) 在事故单位前期疏散人员情况的基础上，进一步强制滞留人员远离污染现场，在泄漏区域及扩散可能涉及范围内除救援人员外，其他人员一律强制疏散隔离到区域之外。

(2) 气防站(或特勤)指挥员要立即开展对泄漏污染区域的检测工作，根据检测的结果，在事故单位原有警戒线的位置，以泄漏浓度值为爆炸下限的20%为标准确定警戒范围。以检测结果划分重危区、轻危区、安全区，引导公司负责警戒部门扩大警戒范围，合理设置出入口，严格控制进入警戒区特别是重危区的人员、车辆、物资。

(3) 根据有关专业部门检测情况，支(中)队随时调整进攻力量部署以及警戒位置。

24.6.3 禁绝火源

事故区域各种使用的电源、火源要全部切断，停止使用，禁止和消除警戒区内一切能引起燃烧爆炸的火焰条件。凡是进入现场人员一律不得使用移动电话，非防爆通信设备、照明设备。各级指挥员首先要对进入现场的战斗人员进行检查，所有以上所列的物品不得带入现场。

24.6.4 个人防护

(1) 凡是在前段下风或距泄漏点最近的方向执行堵截与稀释任务的战斗人员，必须按照要求穿着重型防化服、轻便防化服，佩戴空气呼吸器。

(2) 凡是在中段执行下风或距泄漏点最近的方向任务的战斗人员，必须穿着轻便防化服，佩戴空气呼吸器。

(3) 在后段执行任务的战斗人员，可由现场指挥员依据实际情况酌定。

24.6.5 消防救生小组

由气防站(或特勤)组成救护小组，担负现场救生任务，救生人员必须穿着防化服，佩戴空气呼吸器，携带救生器材进入警界区域之内，采取正确的救助方式，将遇险人员转移至安全区，对救出的人员进行登记、标识和现场简单的救治处理，并送交医疗急救部门。

24.6.6 处置论证

支(中)队组织事故单位、安环部、生产部、设备部等相关部门技术人员或专家判断事故状况，提供技术支持，制定抢险救援方案。切断火源。尽可能切断泄漏源。防止进入下水道、排洪沟等限制性空间。小量泄漏：用活性炭或其他惰性材料吸收。大量泄漏：构筑围堤或挖坑收容。用泡沫覆盖，降低蒸气灾害。用防爆泵转移至槽车或专用收集器内，回收或运至废物处理场所处置。

24.6.7 现场水源供给

支(中)队制定统一供水方案，选定前、后方水源，调集高效的供水车辆和装备，采取远距离的供水方法，保证一线用水。

24.6.8 稀释降毒

(1) 启用现场单位的水喷淋等固定设施、蒸汽设施、固定炮的消防设施。

(2) 使用泡沫管枪、多功能水枪、喷雾水枪、自动移动炮等专用消防设备，以泄漏点为中心，设置水幕、蒸汽幕或铺设水幕水带，进行稀释降毒，采用雾状射流形成水幕，防止泄漏的戊烷向重要部位或危险源扩散。

24.6.9 处置程序(关阀堵漏)

(1) 生产装置或管道发生泄漏，阀门尚未破坏时，可协助技术人员或在技术人员指导下，使用喷雾水枪掩护，关闭阀门，制止泄漏。

（2）罐体、管道、阀门、法兰泄漏，作战人员要积极配合、掩护公司专业堵漏部门实施堵漏。

24.6.10　输转倒罐

（1）使用防爆型的通风系统和设备。防止蒸气泄漏到工作场所空气中。避免与氧化剂接触。搬运时轻装轻卸，防止钢瓶及附件破损。

（2）在确保现场安全的条件下，利用车载式或移动式防爆泵直接向外部罐车倒罐，防爆泵倒罐可分为现场倒罐和异地倒罐两种，灌装时应控制流速，且有接地装置，防止静电积聚。作业区环境戊烷浓度必须低于爆炸下限60%时，方可采用实施倒罐。

（3）惰性气体置换，通过气相阀，向槽车或容器有控制地释放氮气等惰性气体，将汽油置换到其他容器储罐。

（4）利用压力差倒罐，利用水平落差产生的自然压力将事故罐的物料导入其他储罐容器或槽车，降低危险程度。

（5）实施倒罐作业时，管线、设备必须做到良好接地，否则决不允许实施倒罐。

24.6.11　化学中和

溶解性：微溶于水，溶于乙醇、乙醚、丙酮、苯、氯仿等多数有机溶剂。防止进入下水道、排洪沟等限制性空间。

24.6.12　洗消处理

（1）在危险区和安全区交界处设立洗消站。

（2）洗消对象：轻度中毒人员、重度中毒人员在送医院治疗之前、现场的各级人员以及抢险救援器材装备。

（3）洗消方法：物理洗消法，即用吸附垫、活性炭等具有吸附能力的物质，吸附回收后转移处理，对染毒空气可用排烟机吹散降毒。也可对污染区暂时封闭，喷射雾状水进行稀释。

（4）洗消和处置用水排放必须经过公司环保部门检测，防止二次污染。

24.6.13 后续现场清理

(1) 继续使用喷雾水、蒸汽或惰性气体清扫现场内事故设备、罐、管道、低洼、排水沟等处，确保不留残液。

(2) 作战中队结束战斗后要立即清点本队人员是否到齐，收集整理器材装备。

(3) 撤除警戒，做好现场移交，安全撤离。

24.6.14 戊烷泄漏救援处置程序总体要求

(1) 在行动开始之初，指挥员必须观察当天风向，保持与119指挥中心的沟通，所有车辆必须要选择上风方向逐渐接近现场，并保持一定距离，停靠在上风方向的适当位置。一线作战使用的水源尽量使用上风方向水源。

(2) 水枪阵地的设置尽量选择上风、侧上风作为进攻路线。选择灭火剂以泡沫为主要处置用剂。

(3) 支(中)队指挥部的设置应在上风方向或设置在警戒区以外，并远离高空管廊。

(4) 一切行动要绝对服从命令，采取的行动要严防引发爆炸，进入危险区域的作战人员要挑选素质好、业务强的队员，要慎重采取行动。

(5) 注意观察救援人员的身体状况，并进行健康跟踪检查。对轻微中毒人员应立即转移到空气新鲜处，症状严重者立即送医院治疗。

(6) 戊烷的生产、储存装置发生泄漏事故，主要由公司和事故单位负责处置，消防支(中)队负责协助、掩护。当事故单位不能采取有效措施时，救援人员应在工程技术人员的指导下配合行动，严禁盲目采取行动。

25 硫酸泄漏事故救援与处置

硫酸作为一种重要的化工原料，主要用于生产化学肥料，在化工、医药、塑料、染料、石油提炼等工业也有广泛的应用。在生产、储存、运输、使用过程中发生泄漏，易发生燃烧和中毒事故，造成人员伤亡和区域性污染。

25.1 硫酸危害性概述

(1) 危险性类别：第8.1类，酸性腐蚀品。

(2) 危险性综述：本品助燃，具强腐蚀性、强刺激性，可致人体灼伤，对环境有危害，对水体和土壤可造成污染。

(3) 侵入途径：吸入、食入。

(4) 健康危害：对皮肤、黏膜等组织有强烈的刺激和腐蚀作用。蒸气或雾可引起结膜炎、结膜水肿、角膜混浊，以致失明；引起呼吸道刺激，重者发生呼吸困难和肺水肿；高浓度引起喉痉挛或声门水肿而窒息死亡。口服后引起消化道烧伤以致溃疡形成；严重者可能有胃穿孔、腹膜炎、肾损害、休克等。皮肤灼伤轻者出现红斑、重者形成溃疡，愈后瘢痕收缩影响功能。溅入眼内可造成灼伤，甚至角膜穿孔、全眼炎以至失明。慢性影响：牙齿酸蚀症、慢性支气管炎、肺气肿和肺硬化。

(5) 外观与形状：纯品为无色透明油状液体，无臭。

25.2 事故特点

(1) 遇水大量放热，可发生沸溅。

(2) 遇电石、高氯酸盐、雷酸盐、硝酸盐、苦味酸盐、金属粉末等猛烈反应，发生爆炸或燃烧。有强烈的腐蚀性和吸水性。

(3) 硫酸属于助燃物，与易燃物(如苯)和可燃物(如糖、纤维素等)接触会发生剧烈反应，甚至引起燃烧。

(4) 处置难度大。硫酸对人体具有强烈的刺激性、腐蚀性。处置要求高，难度大。

(5) 硫酸的溶解性：与水混溶。

(6) 消防人员必须穿全身耐酸碱消防服。灭火剂：干粉、二氧化碳、沙土。避免水流冲击物品，以免遇水会放出大量热量发生喷溅而灼伤皮肤。

25.3 急救措施

(1) 皮肤接触：立即脱去污染的衣着，用大量流动清水冲洗至少15min。就医。

(2) 眼睛接触：立即提起眼睑，用大量流动清水或生理盐水彻底冲洗至少15min。就医。

(3) 吸入：迅速脱离现场至空气新鲜处。保持呼吸道通畅。如呼吸困难，给输氧。如呼吸停止，立即进行人工呼吸。就医。

(4) 食入：用水漱口，给饮牛奶或蛋清。就医。

25.4 接警调度

(1) 消防支(中)队119指挥中心接到硫酸泄漏报警时，重点要询问泄漏容器、地点、时间、部位、强度和范围，是否有人员伤亡和被困。

(2) 随时做好与报警单位和报警人员保持联系，充分掌握事态发展变化状况，加强与赶赴现场的责任队指挥员、支(中)队指挥员的沟通与汇报。

(3) 指挥中心接警后在调派责任队的同时立即向支(中)队值班领导汇报情况，根据支(中)队值班领导的命令调集增援力量。并向所属公司总调度汇报情况。

25.5 现场力量调集

(1) 责任中队接到指挥中心指令后，按照管辖区域迅即出动，指挥员要进一步与支队 119 指挥中心了解现场情况，同时观察当日风向，必须选择上风方向接近现场。

(2) 车辆装备的调集主要是支(中)队现有的抢险救援车、气防车、干粉车为主。同时根据现场情况优先调集支(中)队干粉车，储备的空气呼吸器、防化服、避火服，如遇有紧急情况请求总调调集各生产单位耐酸碱防护服送往一线。

(3) 消防支(中)队 119 指挥中心在做好力量调集的同时，迅速向公司总调汇报情况，由公司调度集生产部门、安环部门、设备部门、动力部门等相关单位到场协助处置。

25.6 现场处置

25.6.1 侦察检测

(1) 责任队到场后首先要将本队车辆置于上风或侧上风方向，指挥员要视泄漏现场初步情况，在小范围泄漏情况下保持本队与事故地点不小于 100m 的距离；在大范围泄漏情况下保持本队与事故地点不小于 150m 的距离。

(2) 责任队指挥员要立即向现场的岗位职工、技术人员询问了解情况，根据当日风向、风力，掌握泄漏硫酸的浓度和扩散的方向。

(3) 查明被困、遇险人员数量、位置，制定好营救路线，组织抢险组做好个人防护工作，必须穿戴全封闭式重型防化服，深入现场抢救被困遇险人员。

(4) 掌握泄漏部位周边毗邻情况，装置分布情况，人员集中的场所位置，交通情况、水源情况等。

(5) 由于硫酸有遇水大量放热，并形成沸溅的危险特性。

因此，避免水流冲击物品，以免遇水会放出大量热量发生喷溅而灼伤皮肤。泄漏现场尽量不要用水直接冲击泄漏的硫酸，集中现场沙土进行筑堤做好围堰，防止泄漏硫酸的扩散，大量使用沙土、干燥石灰等不燃材料吸收泄漏物，如有条件可用石灰或碳酸氢钠中和泄漏物。

25.6.2 疏散与警戒

(1) 在事故单位前期疏散人员情况的基础上，进一步强制滞留人员远离污染现场，在泄漏区域及扩散可能涉及范围内除救援人员外，其他人员一律强制疏散隔离到区域之外。

(2) 气防站(或特勤)指挥员要立即开展对泄漏污染区域的检测工作，根据检测的结果，在事故单位原有警戒线的位置。以检测结果划分重危区、轻危区、安全区，引导公司负责警戒部门扩大警戒范围，合理设置出入口，严格控制进入警戒区特别是重危区的人员、车辆、物资。

(3) 根据有关专业部门检测情况，支(中)队随时调整进攻力量部署以及警戒位置。

25.6.3 禁绝火源

由于硫酸与易燃物(如苯)和可燃物(如糖、纤维素等)接触会发生剧烈反应，甚至引起燃烧。遇电石、高氯酸盐、雷酸盐、硝酸盐、苦味酸盐、金属粉末等猛烈反应，发生爆炸或燃烧。有强烈的腐蚀性和吸水性。等危险特性，泄漏现场必须要排查是否存在以上危险品，并将这些物品转移出泄漏区域。

25.6.4 个人防护

(1) 凡是在前段下风或距泄漏点最近的方向执行堵截任务的战斗人员，必须按照要求穿着重型防化服、轻便防化服，佩戴空气呼吸器。

(2) 在中、后段执行任务的战斗人员，可由现场指挥员依据实际情况酌定。

25.6.5 消防救生小组

由气防站(或特勤)组成救护小组，担负现场救生任务，救

生人员必须穿着防化服，佩戴空气呼吸器，携带救生器材进入警界区域之内，采取正确的救助方式，将遇险人员迅速转移至安全区，对救出的人员进行登记、标识和现场简单的救治处理，并送交医疗急救部门。

25.6.6　处置论证

支(中)队组织事故单位、安环部、生产部、设备部等相关部门技术人员或专家判断事故状况，提供技术支持，制定抢险救援方案。消除泄漏区域范围内存在的与泄漏物能够发生化学反应的物质。不要直接接触泄漏物。尽可能切断泄漏源。防止进入下水道、排洪沟等限制性空间。小量泄漏：用沙土、干燥石灰或苏打灰混合。也可以用大量水冲洗，洗水稀释后放入废水系统。大量泄漏：构筑围堤或挖坑收容。用泵转移至槽车或专用收集器内，回收或运至废物处理场所处置。

25.6.7　现场物资供给

支(中)队制定统一的供给方案，选定前、后方水源，调集干粉车辆和装备，保证一线处置物资的供应。

25.6.8　稀释降毒

(1) 如是小量泄漏可使用大量的水进行冲刷稀释，但前提是必须在现场搭建好围堰以后方能使用水冲刷稀释；消防人员必须穿全身耐酸碱防化服。水流不能直接冲击泄漏物，以免遇水会放出大量热量发生喷溅而灼伤皮肤。

(2) 小量泄漏使用多功能水枪、喷雾水枪、自动移动炮等专用消防设备，以泄漏点为中心，进行稀释降毒，采用雾状射流形成水幕，防止泄漏的硫酸向重要部位或危险源扩散。

25.6.9　处置程序(关阀堵漏)

(1) 生产装置或管道发生泄漏，阀门尚未破坏时，可协助技术人员或在技术人员指导下，使用喷雾水枪掩护，关闭阀门，制止泄漏。

(2) 罐体、管道、阀门、法兰泄漏，作战人员要积极配合、

掩护公司专业堵漏部门实施堵漏。

25.6.10 输转倒罐

(1) 防止蒸气泄漏到工作场所空气中。避免与还原剂、碱类、碱金属、接触。搬运时要轻装轻卸，防止包装及容器损坏。配备相应品种和数量的消防器材及泄漏应急处理设备。倒空的容器可能残留有害物。稀释或制备溶液时，应把酸加入水中，避免沸腾和飞溅，远离易燃、可燃物。

(2) 在确保现场安全的条件下，用泵转移至槽车或专用收集器内，回收或运至废物处理场所处置。

(3) 利用压力差倒罐，利用水平落差产生的自然压力将事故罐的物料导入其他储罐容器或槽车，降低危险程度。

25.6.11 化学中和

溶解性：与水混溶。使用石灰或碳酸氢钠中和泄漏物。

25.6.12 洗消处理

(1) 在危险区和安全区交界处设立洗消站。

(2) 洗消对象：轻度中毒人员、重度中毒人员在送医院治疗之前、现场的各级人员以及抢险救援器材装备。

(3) 洗消方法：物理洗消法，即用吸附垫、活性炭等具有吸附能力的物质，吸附回收后转移处理，对染毒空气可用排烟机吹散降毒。也可对污染区暂时封闭，喷射雾状水进行稀释。

(4) 洗消和处置用水排放必须经过公司环保部门检测，防止二次污染。

25.6.13 后续现场清理

(1) 继续使用喷雾水、蒸汽或惰性气体清扫现场内事故设备、罐、管道、低洼、排水沟等处，确保不留残液。

(2) 作战中队结束战斗后要立即清点本队人员是否到齐，收集整理器材装备。

(3) 撤除警戒，做好现场移交，安全撤离。

25.6.14 硫酸泄漏救援处置程序总体要求

(1) 在行动开始之初，指挥员必须观察当天风向，保持与

119 指挥中心的沟通，所有车辆必须选择上风方向逐渐接近现场，并保持一定距离，停靠在上风方向的适当位置。一线作战使用的处置物资尽量以干粉、沙土、石灰为主。

(2) 支(中)队指挥部的设置应在上风方向或设置在警戒区以外。

(3) 一切行动要绝对服从命令，采取的行动要严防引发爆炸，进入危险区域的作战人员要挑选素质好、业务强的队员，要慎重采取行动。

(4) 注意观察救援人员的身体状况，并进行健康跟踪检查。对轻微中毒人员应立即转移到空气新鲜处，症状严重者立即送医院治疗。

(5) 硫酸的生产、储存装置发生泄漏事故，主要由公司和事故单位负责处置，消防支(中)队负责协助、掩护。当事故单位不能采取有效措施时，救援人员应在工程技术人员的指导下配合行动，严禁盲目采取行动。

26 己烷事故救援与处置

己烷(正己烷)主要用途是用于有机合成，用作溶剂、化学试剂、涂料稀释剂、聚合反应的介质等。在生产、储存、运输、经营、使用过程中易发生泄漏和爆炸燃烧事故。

26.1 己烷危害性概述

(1) 危险性类别：第3.1类，低闪点易燃液体。

(2) 危险性综述：本品极度易燃，具刺激性。

(3) 侵入途径：吸入、食入、经皮吸收。

(4) 健康危害：本品有麻醉和刺激作用。长期接触可致周围神经炎。急性中毒：吸入高浓度本品出现头痛、头晕、恶心、共济失调等，重者引起神志丧失甚至死亡。对眼和上呼吸道有刺激性。慢性中毒：长期接触出现头痛、头晕、乏力、胃纳减退；其后四肢远端逐渐发展成感觉异常，麻木，触、痛、震动和位置等感觉减退，尤以下肢为甚，上肢较少受累。进一步发展为下肢无力，肌肉疼痛，肌肉萎缩及运动障碍。神经-肌电图检查示感觉神经及运动神经传导速度减慢。

(5) 外观与性状：无色液体，有微弱的特殊气味。

26.2 事故特点

(1) 扩散迅速，危害范围大。己烷一般以喷射状泄漏，由液相变为气相，体积迅速扩大，形成大面积危险区。

(2) 易发生爆炸燃烧，爆炸下限极低，泄漏后极易与空气形成爆炸混合物，遇火源发生爆炸或燃烧。

(3) 燃烧猛烈，爆炸速度快，爆炸1.2%~6.9%(体积)，闪点为-25.5℃。

(4) 处置要求高，难度大，发生泄漏的部位及压力等因素各不相同，造成各种危险因素多。

(5) 易燃，与空气混合能形成爆炸性混合物，遇热源和明火有燃烧爆炸的危险。与氧化剂接触猛烈反应。气体比空气重，能在较低处扩散到相当远的地方，遇火源会着火回燃。

(6) 灭火方法：切断气源。若不能切断气源，则不允许熄灭泄漏处的火焰。喷水冷却容器，处在火场中的容器若已变色或从安全泄压装置中产生声音，必须马上撤离。可能的话将容器从火场移至空旷处。灭火剂：泡沫、二氧化碳、干粉、沙土。用水灭火无效。

26.3 接警调度

(1) 消防支(中)队119指挥中心接到已烷泄漏报警时，重点要询问泄漏容器、地点、时间、部位、强度和范围，是否有人员伤亡和被困。

(2) 随时做好与报警单位和报警人员保持联系，充分掌握事态发展变化状况，加强与赶赴现场的责任队指挥员、支(中)队指挥员的沟通与汇报。

(3) 指挥中心接警后在调派责任队的同时立即向支(中)队值班领导汇报情况，根据支(中)队值班领导的命令调集增援力量。并向所属公司总调度汇报情况。

26.4 现场力量调集

(1) 责任中队接到指挥中心指令后，按照管辖区域迅即出动，指挥员要进一步与支(中)队119指挥中心了解现场情况，同时观察当日风向，选择上风方向接近现场。

(2) 车辆装备的调集主要是支(中)队现有的抢险救援车、气防车、干粉车为主，优先调集干粉车到现场。

(3) 消防支(中)队119指挥中心在做好力量调集的同时，迅速向公司总调度汇报情况，由公司调集生产部门、安环部门、设备部门、动力部门等相关单位到场协助处置。

26.5 现场处置

26.5.1 侦察检测

(1) 责任队到场后首先要将本队车辆置于上风或侧上风方向，指挥员要视现场初步情况，保持本队与事故地点不小于150~300m的距离。

(2) 责任队指挥员要立即向现场的岗位职工、技术人员询问了解情况，根据当日风向、风力，掌握泄漏区域气体浓度和扩散的方向。

(3) 查明被困、遇险人员数量、位置，制定好营救路线，组织抢险组做好个人防护工作，深入现场抢救被困遇险人员。

(4) 掌握泄漏部位周边毗邻情况，如储罐区则要进一步了解储罐数量、泄漏储罐储存量及邻近罐储量、管线和罐区的总储量。

(5) 充分利用现场的消防水源，如果车辆无法接近现场或距现场距离过远，指挥员可以部署战斗力量就近使用消火栓直接供水，出水枪、自动炮或移动炮控制泄漏区域。

26.5.2 疏散与警戒

(1) 在事故单位前期疏散人员情况的基础上，进一步强制滞留人员远离现场，在泄漏区域及扩散可能涉及范围内除救援人员外，其他人员一律强制疏散到区域之外。

(2) 气防站(或特勤)指挥员要立即开展对泄漏区域的检测工作，根据检测的结果，在事故单位原有警戒线的位置，以泄漏浓度值为爆炸下限的20%为标准确定警戒范围。以检测结果划分重危区、轻危区、安全区，引导公司负责警戒部门扩大警戒范围，合理设置出入口，严格控制进入警戒区特别是重危区的人员、车辆、物资。

（3）根据有关专业部门检测情况，支队随时调整进攻力量部署以及警戒位置。

26.5.3 禁绝火源

事故区域各种使用的电源、火源、高热设备要全部切断，停止使用，落实防静电措施；凡是进入现场人员一律不得使用移动电话，非防爆通信设备、照明设备。各级指挥员首先要对进入现场的战斗人员进行检查，所有以上所列的物资不得带入现场。

26.5.4 个人防护

（1）凡是在前段下风或距泄漏点最近的方向执行堵截与稀释任务的战斗人员，必须按照要求穿着重型防化服，佩戴空气呼吸器。

（2）凡是在中段执行下风或距泄漏点最近的方向任务的战斗人员，必须穿着轻便防化服，佩戴空气呼吸器，没有轻便防化服的人员，必须将衣领、袖口、裤口扎严、系紧，防止泄漏气体进入衣服内。

（3）在后段执行任务的战斗人员，可由现场指挥员依据实际情况酌定。

26.5.5 消防救生小组

由气防站(或特勤)组成救护小组，担负现场救生任务，携带救生器材进入警界区域之内，采取正确的救助方式，将遇险人员转移至安全区，对救出的人员进行登记、标识和现场简单的救治处理，并送交医疗急救部门。

26.5.6 处置论证

支(中)队组织事故单位、安环部、生产部、设备部等相关部门技术人员或专家判断事故状况，提供技术支持，制定抢险救援方案。

26.5.7 现场水源供给

支(中)队制定供水方案，选定前、后方水源，调集高效的

供水车辆和装备，采取合理的供水方法，保证一线用水。

26.5.8 稀释堵截防爆

（1）启用现场单位的水喷淋等固定设施、蒸汽设施、固定炮的消防设施。

（2）使用多功能水枪、喷雾水枪、自动移动炮等专用消防设备，设置水幕、蒸汽幕或铺设水幕水带，驱散积聚、流动气体，稀释气体浓度，防止形成爆炸性混合物。

（3）采用雾状射流形成水幕墙，防止气体向重要目标或危险源扩散。

（4）若泄漏物质成液相沿地面流动时，可采用泡沫进行覆盖，降低其蒸发速度，缩小气云范围。但要注意防止泡沫强力冲击而加快已烷的挥发速度。

（5）对于积聚在建筑物和排水沟内的已烷气体，可打开门窗或排水沟盖板，通过自然通风吹散。同时还可采用防爆机械送风进行驱散。

（6）禁止使用直流水直接冲击罐体和泄漏部位，以免强水流冲击造成静电积聚、放电引起爆炸。

26.5.9 处置程序(关阀堵漏)

（1）生产装置或管道发生泄漏，阀门尚未破坏时，可协助技术人员或在技术人员指导下，使用喷雾水枪掩护，关闭阀门，制止泄漏。

（2）罐体、管道、阀门、法兰泄漏，作战人员要积极配合、掩护公司专业堵漏部门实施堵漏。

（3）通过球罐液相阀向罐内适量注水，抬高罐内所剩物料的液位，形成罐内底部水垫层，缓解险情，配合堵漏。

26.5.10 输转倒罐

（1）在确保现场安全的条件下，利用车载式或移动式烃泵直接向外部罐车倒罐，烃泵倒罐可分为现场倒罐和异地倒罐两种，作业区环境已烷浓度必须低于爆炸下限60%时，方可采用实施倒罐。

(2) 惰性气体置换，通过气相阀，向槽车或容器有控制地释放氮气等惰性气体，将已烷置换到其他容器储罐。

(3) 压力差倒罐，利用水平落差产生的自然压力将事故罐的物料导入其他储罐容器或槽车，降低危险程度。

(4) 实施倒罐作业时，管线、设备必须做到良好接地，否则决不允许实施倒罐。

(5) 小量泄漏：用沙土或其他不燃材料吸附或吸收，也可以用不燃性分散剂制成的乳液刷洗，洗液稀释后放入废水系统。大量泄漏：构筑围堤或挖坑收容。用泡沫覆盖，降低蒸气灾害。

26.5.11 主动点燃

实施主动点燃，必须具备可靠的点燃条件，在落实严密的安全防范措施时，要缜密研究，制定方案，部署全面，谨慎进行，果断实施。

(1) 点燃原则：在容器顶部受损泄漏、堵漏无效时；槽车在人员密集区泄漏，无法转移或堵漏时；泄漏浓度有限(浓度小于爆炸浓度下限30%)、范围较小、无法有效堵漏时；遇有不点燃会带来严重后果，而点燃则导致稳定燃烧，或泄漏量已经减少的情况下，可主动实施点燃措施。但现场气体扩散已达到一定范围，点燃很可能造成大能量爆燃或爆炸，能产生巨大冲击波，危及其他储罐和救援力量及周围群众，造成难以预料后果的，严禁采取点燃措施。

(2) 点燃准备：担任掩护和防护的喷雾水枪要达到指定位置，确认危险区人员全部撤离，泄漏点周边区域经检测不在已烷爆炸浓度范围，使用安全点火工具，并采取正确的点火方法。

(3) 点燃时机：在罐顶开口泄漏，一时无法实施堵漏，而气体泄漏的范围和浓度有限，同时有多支水枪或移动炮稀释掩护以及各种防护措施准备就绪的情况下，用点火棒点燃；如罐顶爆裂已经形成稳定燃烧，罐体被冷却保护后罐内压力减小，火焰被风吹灭，或被冷却水流打灭，但还有气体扩散出来，如不再次点燃，仍能造成危害时，应立即组织点燃。

26.5.12 后续现场清理

(1) 继续使用喷雾水、蒸汽或惰性气体清扫现场内事故罐、管道、低洼、排水沟等处，确保不留残液(气)。

(2) 作战中队结束战斗后要立即清点本队人员是否到齐，收集整理器材装备。

(3) 撤除警戒，做好现场移交，安全撤离。

26.5.13 己烷泄漏救援处置程序总体要求

(1) 在行动开始之初，指挥员必须观察当天风向，保持与119指挥中心的沟通，所有车辆必须选择上风方向接近现场，停靠在上风方向的适当位置。进入危险区的车辆必须配有防火帽。尽量使用上风方向水源，在危险区内开启消火栓的时候消火栓扳子一定要使用织物包裹起来，方可开启，防止铁物撞击产生火花。

(2) 水枪阵地的设置尽量选择上风、侧上风作为进攻路线。

(3) 支(中)队指挥部的设置应在上风方向或设置在警戒区以外，并远离高空管廊。

(4) 一切行动要绝对服从命令，采取的行动要严防引发爆炸，进入危险区域的作战人员要挑选素质好、业务强的队员，如遇雷电天气，要慎重采取行动。

(5) 己烷的生产、储存装置发生泄漏事故，主要由公司和事故单位负责处置，消防支(中)队负责协助、掩护。当事故单位不能采取有效措施时，救援人员应在工程技术人员的指导下配合行动，严禁盲目采取行动。

27 甲苯泄漏事故救援与处置

甲苯作为一种重要的化工原料，主要用作用于掺合汽油组成及作为生产甲苯衍生物、炸药、染料中间体、药物等的主要原料。在生产、储存、运输、使用过程中发生泄漏，极易发生燃烧爆炸和中毒事故，造成人员伤亡和区域性污染。

27.1 甲苯危害性概述

(1) 危险性类别：第3.2类，中闪点易燃液体。

(2) 危险性综述：本品易燃，具刺激性，对环境有严重危害，对空气、水环境及水源可造成污染。

(3) 侵入途径：吸入、食入、经皮吸收。

(4) 健康危害：对皮肤、黏膜有刺激性，对中枢神经系统有麻醉作用。急性中毒：短时间内吸入较高浓度本品可出现眼及上呼吸道明显的刺激症状、眼结膜及咽部充血、头晕、头痛、恶心、呕吐、胸闷、四肢无力、步态蹒跚、意识模糊。重症者可有躁动、抽搐、昏迷。慢性中毒：长期接触可发生神经衰弱综合征、肝肿大、皮肤干燥、皲裂、皮炎。

(5) 外观与性状：无色透明液体，有类似苯的芳香气味。

27.2 事故特点

(1) 扩散迅速，危害范围大。甲苯泄漏后可由液相变为气相，易形成大面积扩散区。

(2) 易发生燃烧，其蒸气能与空气形成范围广阔的爆炸性混合物。遇热源和明火有燃烧爆炸的危险。与氧化剂能发生强烈反应。流速过快，容易产生和积聚静电。

（3）其蒸气比空气重，能在较低处扩散到相当远的地方，遇火源会着火回燃。

（4）甲苯的爆炸极限为1.2%~7.0%(体积)，闪点为4℃。

（5）毒性较强，处置难度大。甲苯对外露皮肤具有一定的刺激性，吸入浓度高、量大的甲苯能致人死亡。发生泄漏的部位及压力等因素各不相同，处置要求高，难度大。

（6）甲苯的溶解性：不溶于水、可混溶于苯、醇、醚、等多数有机溶剂。

（7）切断泄漏蒸气源。若不能切断气源，则不允许熄灭泄漏处的火焰。喷水冷却容器，可能的话将容器从火场移至空旷处。灭火剂：雾状水、泡沫、干粉、二氧化碳、沙土。

27.3　急救措施

（1）皮肤接触：脱去污染的衣着，用肥皂水和清水彻底冲洗皮肤。

（2）眼睛接触：提起眼睑，用流动清水或生理盐水冲洗。就医。

（3）吸入：迅速脱离现场至空气新鲜处。保持呼吸道通畅。如呼吸困难，给输氧。如呼吸停止，立即进行人工呼吸。就医。

（4）食入：饮足量温水，催吐。就医。

27.4　接警调度

（1）消防支(中)队119指挥中心接到甲苯泄漏报警时，重点要询问泄漏容器、地点、时间、部位、强度和范围，是否有人员伤亡和被困。

（2）随时做好与报警单位和报警人员保持联系，充分掌握事态发展变化状况，加强与赶赴现场的责任队指挥员、支(中)队指挥员的沟通与汇报。

(3) 指挥中心接警后在调派责任队的同时立即向支(中)队值班领导汇报情况，根据支(中)队值班领导的命令调集增援力量。并向所属公司总调度汇报情况。

27.5 现场力量调集

(1) 责任中队接到指挥中心指令后，按照管辖区域迅即出动，指挥员要进一步与支队 119 指挥中心了解现场情况，同时观察当日风向，必须选择上风方向接近现场。

(2) 车辆装备的调集主要是支(中)队现有的抢险救援车、气防车、泡沫车、干粉车、水罐车为主。同时根据现场情况调集支队储备的空气呼吸器、防护服、避火服，如遇有紧急情况请求总调调集各生产单位空气呼吸器送往一线。

(3) 消防支(中)队 119 指挥中心在做好力量调集的同时，迅速向公司总调度汇报情况，由公司调集生产部门、安环部门、设备部门、动力部门等相关单位到场协助处置。

27.6 现场处置

27.6.1 侦察检测

(1) 责任队到场后首先要将本队车辆置于上风或侧上风方向，指挥员要视污染现场初步情况，在小范围泄漏情况下保持本队与事故地点不小于 100m 的距离；在大范围泄漏情况下保持本队与事故地点不小于 150m 的距离。

(2) 责任队指挥员要立即与现场的岗位职工、技术人员询问了解情况，根据当日风向、风力，掌握泄漏区域甲苯的浓度和扩散的方向。

(3) 查明被困、遇险人员数量、位置，制定好营救路线，组织抢险组做好个人防护工作，深入现场抢救被困遇险人员。

(4) 掌握泄漏部位周边毗邻情况，如储罐区则要进一步了解储罐数量、泄漏储罐储存量及邻近罐储量、管线和罐区的总储量。

(5) 充分利用现场的消防水源，消防车辆要远离现场，以串联供水的方式实行远距离供水，指挥员可以部署战斗力量就近使用消火栓直接供水，同时尽量减少一线人员数量，少出水枪，多出自动炮或移动炮(使用人员少的装备)控制泄漏区域。

(6) 小量泄漏：用活性炭或其他惰性材料吸收。也可以用不燃性分散剂制成的乳液刷洗，洗液稀释后放入废水系统。大量泄漏：构筑围堤或挖坑收容。用泡沫覆盖，降低蒸气灾害。用防爆泵转移至槽车或专用收集器内，回收或运至废物处理场所处置。

27.6.2 疏散与警戒

(1) 在事故单位前期疏散人员情况的基础上，进一步强制滞留人员远离污染现场，在泄漏区域及扩散可能涉及范围内除救援人员外，其他人员一律强制疏散隔离到区域之外。

(2) 气防站(或特勤)指挥员要立即开展对泄漏污染区域的检测工作，根据检测的结果，在事故单位原有警戒线的位置，以泄漏浓度值为爆炸下限的20%为标准确定警戒范围。以检测结果划分重危区、轻危区、安全区，引导公司负责警戒部门扩大警戒范围，合理设置出入口，严格控制进入警戒区特别是重危区的人员、车辆、物资。

(3) 根据有关专业部门检测情况，支(中)队随时调整进攻力量部署以及警戒位置。

27.6.3 禁绝火源

事故区域各种使用的电源、火源要全部切断，停止使用，禁止和消除警戒区内一切能引起燃烧爆炸的火焰条件。凡是进入现场人员一律不得使用移动电话，非防爆通信设备、照明设备。各级指挥员首先要对进入现场的战斗人员进行检查，所有以上所列的物品不得带入现场。

27.6.4 个人防护

(1) 凡是在前段下风或距泄漏点最近的方向执行堵截与稀

释任务的战斗人员，必须按照要求穿着重型防化服、轻便防化服、避火服，佩戴空气呼吸器，一线作战人员必须戴消防手套。

（2）凡是在中段执行下风或距泄漏点最近的方向任务的战斗人员，必须穿着轻便防化服，佩戴空气呼吸器。

（3）在后段执行任务的战斗人员，可由现场指挥员依据实际情况酌定。

27.6.5　消防救生小组

由气防站（或特勤）组成救护小组，担负现场救生任务，救生人员必须穿着防化服，佩戴空气呼吸器，携带救生器材进入警界区域之内，采取正确的救助方式，将遇险人员转移至安全区，对救出的人员进行登记、标识和现场简单的救治处理，并送交医疗急救部门。

27.6.6　处置论证

支（中）队组织事故单位、安环部、生产部、设备部等相关部门技术人员或专家判断事故状况，提供技术支持，制定抢险救援方案。切断火源。尽可能切断泄漏源。防止进入下水道、排洪沟等限制性空间。小量泄漏：用活性炭或其他惰性材料吸收。也可以用不燃性分散剂制成的乳液刷洗，洗液稀释后放入废水系统。大量泄漏：构筑围堤或挖坑收容。用泡沫覆盖，抑制蒸发。用防爆泵转移至槽车或专用收集器内，回收或运至废物处理场所处置。

27.6.7　现场水源供给

支（中）队制定统一供水方案，选定前、后方水源，调集高效的供水车辆和装备，采取远距离的供水方法，保证一线用水。

27.6.8　稀释降毒

（1）启用现场单位的水喷淋等固定设施、蒸汽设施、固定炮的消防设施。

（2）使用多功能水枪、喷雾水枪、自动移动炮等专用消防设备，以泄漏点为中心，设置水幕、蒸汽幕或铺设水幕水带，进行稀释降毒，采用雾状射流形成水幕，防止泄漏的甲苯向重要部位或危险源扩散。

27.6.9 处置程序(关阀堵漏)

(1) 生产装置或管道发生泄漏，阀门尚未破坏时，可协助技术人员或在技术人员指导下，使用喷雾水枪掩护，关闭阀门，制止泄漏。

(2) 罐体、管道、阀门、法兰泄漏，作战人员要积极配合、掩护公司专业堵漏部门实施堵漏。

27.6.10 输转倒罐

(1) 使用防爆型的通风系统和设备。防止气体泄漏到工作场所空气中。避免与氧化剂接触。搬运时要轻装轻卸，防止包装及容器损坏。在传送过程中，钢瓶和容器必须接地和跨接，防止产生静电。禁止撞击和震荡。

(2) 在确保现场安全的条件下，利用车载式或移动式防爆泵直接向外部罐车倒罐，防爆泵倒罐可分为现场倒罐和异地倒罐两种，灌装时应控制流速，且有接地装置，防止静电积聚。作业区环境甲苯浓度必须低于爆炸下限60%时，方可采用实施倒罐。

(3) 惰性气体置换，通过气相阀，向槽车或容器有控制地释放氮气等惰性气体，将甲苯置换到其他容器储罐。

(4) 利用压力差倒罐，利用水平落差产生的自然压力将事故罐的物料导入其他储罐容器或槽车，降低危险程度。

(5) 实施倒罐作业时，管线、设备必须做到良好接地，否则决不允许实施倒罐。

27.6.11 化学中和

溶解性：不溶于水、可混溶于苯、醇、醚等多数有机溶剂。防止进入下水道、排洪沟等限制性空间。小量泄漏：用活性炭或其他惰性材料吸收。也可以用不燃性分散剂制成的乳液刷洗，洗液稀释后放入废水系统。大量泄漏：构筑围堤或挖坑收容。

用泡沫覆盖，抑制蒸发。用防爆泵转移至槽车或专用收集器内，回收或运至废物处理场所处置。

27.6.12　洗消处理

（1）在危险区和安全区交界处设立洗消站。

（2）洗消对象：轻度中毒人员、重度中毒人员在送医院治疗之前、现场的各级人员以及抢险救援器材装备。

（3）洗消方法：物理洗消法，即用吸附垫、活性炭等具有吸附能力的物质，吸附回收后转移处理，对染毒空气可用排烟机吹散降毒。也可对污染区暂时封闭，依靠自然条件如日晒、雨淋、通风等使毒气消失。也可喷射雾状水进行稀释降毒。

（4）洗消和处置用水排放必须经过公司环保部门检测，防止二次污染。

27.6.13　后续现场清理

（1）继续使用喷雾水、蒸汽或惰性气体清扫现场内事故设备、罐、管道、低洼、排水沟等处，确保不留残液。

（2）作战中队结束战斗后要立即清点本队人员是否到齐，收集整理器材装备。

（3）撤除警戒，做好现场移交，安全撤离。

27.6.14　甲苯泄漏救援处置程序总体要求

（1）在行动开始之初，指挥员必须观察当天风向，保持与119指挥中心的沟通，所有车辆必须选择上风方向逐渐接近现场，并保持一定距离，停靠在上风方向的适当位置。一线作战使用的水源尽量使用上风方向水源。

（2）水枪阵地的设置尽量选择上风、侧上风作为进攻路线。选择灭火剂以泡沫为主要处置用剂。

（3）支（中）队指挥部的设置应在上风方向或设置在警戒区以外，并远离高空管廊。

（4）一切行动要绝对服从命令，采取的行动要严防引发爆炸，进入危险区域的作战人员要挑选素质好、业务强的队员，如遇雷电天气，要慎重采取行动。

(5) 注意观察救援人员的身体状况，并进行健康跟踪检查。对轻微中毒人员应立即转移到空气新鲜处，对接触毒物的皮肤、面部可用肥皂水或清水冲洗，症状严重者立即送医院治疗。

(6) 甲苯的生产、储存装置发生泄漏事故，主要由公司和事故单位负责处置，消防支(中)队负责协助、掩护。当事故单位不能采取有效措施时，救援人员应在工程技术人员的指导下配合行动，严禁盲目采取行动。

28 溶剂油泄漏事故救援与处置

溶剂油作为一种重要的化工原料，主要用作溶剂，可以做油脂工业抽提溶剂、机械零件的洗涤和工农业生产的溶剂，可用于矿石萃取等。在生产、储存、运输、使用过程中发生泄漏，极易发生燃烧爆炸和中毒事故，造成人员伤亡和区域性污染。

28.1 溶剂油危害性概述

（1）危险性类别：第3.2类，中闪点易燃液体。

（2）危险性综述：本品易燃，具刺激性，对环境有危害，对水体、土壤和大气可造成污染。

（3）侵入途径：吸入、食入。

（4）健康危害：溶剂油直接吸入肺部，或在通风不良的情况下吸入极高浓度油雾，均可引起化学性肺炎。

（5）外观与性状：无色透明液体，不溶于水。

28.2 事故特点

（1）扩散迅速，危害范围大。溶剂油泄漏后为液相，其挥发出来的蒸气与空气混合后可形成爆炸性气体，并形成大面积扩散区。

（2）易发生燃烧，其蒸气与空气可形成爆炸性混合物，遇明火、高热能引起燃烧爆炸。与氧化剂能发生强烈反应。

（3）其蒸气比空气重，能在较低处扩散到相当远的地方，遇火源会着火回燃。

（4）溶剂油的爆炸极限为1.1%~8.7%(体积)，闪点为-2℃。

(5) 处置难度大。溶剂油对人体具有一定的刺激性，吸入浓度高、量大的溶剂油能致人死亡。发生泄漏的部位及压力等因素各不相同，处置要求高，难度大。

(6) 溶剂油的溶解性：不溶于水，溶于多数有机溶剂。

(7) 喷水冷却容器，可能的话将容器从火场移至空旷处。处在火场中的容器若已变色或从安全泄压装置中产生声音，必须马上撤离。灭火剂：泡沫、二氧化碳、干粉、沙土。用水灭火无效。

28.3 急救措施

(1) 皮肤接触：脱去污染的衣着，用肥皂水和清水彻底冲洗皮肤。

(2) 眼睛接触：提起眼睑，用流动清水或生理盐水冲洗。就医。

(3) 吸入：迅速脱离现场至空气新鲜处。保持呼吸道通畅。如呼吸困难，给输氧。如呼吸停止，立即进行人工呼吸。就医。

(4) 食入：用水漱口，给饮牛奶或蛋清。就医。

28.4 接警调度

(1) 消防支(中)队 119 指挥中心接到溶剂油泄漏报警时，重点要询问泄漏容器、地点、时间、部位、强度和范围，是否有人员伤亡和被困。

(2) 随时做好与报警单位和报警人员保持联系，充分掌握事态发展变化状况，加强与赶赴现场的责任队指挥员、支(中)队指挥员的沟通与汇报。

(3) 指挥中心接警后在调派责任队的同时立即向支(中)队值班领导汇报情况，根据支(中)队值班领导的命令调集增援力量。并向所属公司总调度汇报情况。

28.5 现场力量调集

(1) 责任中队接到指挥中心指令后，按照管辖区域迅即出动，指挥员要进一步与支队 119 指挥中心了解现场情况，同时观察当日风向，必须选择上风方向接近现场。

(2) 车辆装备的调集主要是支(中)队现有的抢险救援车、气防车、泡沫车、干粉车、水罐车为主，并优先调集大型泡沫消防车。同时根据现场情况调集支(中)队储备的空气呼吸器、隔热服、防护服、避火服，如遇有紧急情况请求总调调集各生产单位空气呼吸器送往一线。

(3) 消防支(中)队 119 指挥中心在做好力量调集的同时，迅速向公司总调度汇报情况，由公司调集生产部门、安环部门、设备部门、动力部门等相关单位到场协助处置。

28.6 现场处置

28.6.1 侦察检测

(1) 责任队到场后首先要将本队车辆置于上风或侧上风方向，指挥员要视泄漏现场初步情况，在小范围泄漏情况下保持本队与事故地点不小于 100m 的距离；在大范围泄漏情况下保持本队与事故地点不小于 150m 的距离。

(2) 责任队指挥员要立即向现场的岗位职工、技术人员询问了解情况，根据当日风向、风力，掌握泄漏溶剂油的浓度和扩散的方向。

(3) 查明被困、遇险人员数量、位置，制定好营救路线，组织抢险组做好个人防护工作，深入现场抢救被困遇险人员。

(4) 掌握泄漏部位周边毗邻情况，如储罐区则要进一步了解储罐数量、泄漏储罐储存量及邻近罐储量、管线和罐区的总储量。

(5) 充分利用现场的消防水源，消防车辆要远离现场，车辆没有防火帽的一律不准驶入现场，尽量以串联供水的方式实行远距离供水，指挥员可以部署战斗力量就近使用消火栓直接供水，同时尽量减少一线人员数量，少出水枪，多出自动炮或移动炮(使用人员少的装备)，根据泄漏范围面积部署一定的泡沫管枪对泄漏的溶剂油进行覆盖，控制泄漏区域面积增大，减缓溶剂油的挥发。

28.6.2 疏散与警戒

(1) 在事故单位前期疏散人员情况的基础上，进一步强制滞留人员远离污染现场，在泄漏区域及扩散可能涉及范围内除救援人员外，其他人员一律强制疏散隔离到区域之外。

(2) 气防站(或特勤)指挥员要立即开展对泄漏污染区域的检测工作，根据检测的结果，在事故单位原有警戒线的位置，以泄漏浓度值为爆炸下限的20%为标准确定警戒范围。以检测结果划分重危区、轻危区、安全区，引导公司负责警戒部门扩大警戒范围，合理设置出入口，严格控制进入警戒区特别是重危区的人员、车辆、物资。

(3) 根据有关专业部门检测情况，支队随时调整进攻力量部署以及警戒位置。

28.6.3 禁绝火源

事故区域各种使用的电源、火源要全部切断，停止使用，禁止和消除警戒区内一切能引起燃烧爆炸的火焰条件。凡是进入现场人员一律不得使用移动电话，非防爆通信设备、照明设备。各级指挥员首先要对进入现场的战斗人员进行检查，所有以上所列的物品不得带入现场。

28.6.4 个人防护

(1) 凡是在前段下风或距泄漏点最近的方向执行堵截与稀释任务的战斗人员，必须按照要求穿着重型防化服、轻便防化服、避火服、隔热服，佩戴空气呼吸器。

(2) 凡是在中段执行下风或距泄漏点最近的方向任务的战斗人员，必须穿着轻便防化服，佩戴空气呼吸器。

(3) 在后段执行任务的战斗人员，可由现场指挥员依据实际情况酌定。

28.6.5 消防救生小组

由气防站(或特勤)组成救护小组，担负现场救生任务，救生人员必须穿着防化服，佩戴空气呼吸器，携带救生器材进入警界区域之内，采取正确的救助方式，将遇险人员转移至安全区，对救出的人员进行登记、标识和现场简单的救治处理，并送交医疗急救部门。

28.6.6 处置论证

支(中)队组织事故单位、安环部、生产部、设备部等相关部门技术人员或专家判断事故状况，提供技术支持，制定抢险救援方案。切断火源。尽可能切断泄漏源。防止进入下水道、排洪沟等限制性空间。防止进入下水道、排洪沟等限制性空间。小量泄漏：用沙土、蛭石或其他惰性材料吸收。大量泄漏：构筑围堤或挖坑收容。用泡沫覆盖，降低蒸气灾害。用防爆泵转移至槽车或专用收集器内，回收或运至废物处理场所处置。

28.6.7 现场水源供给

支(中)队制定统一供水方案，选定前、后方水源，调集高效的供水车辆和装备，采取远距离的供水方法，保证一线用水。

28.6.8 稀释降毒

(1) 启用现场单位的水喷淋等固定设施、蒸汽设施、固定炮的消防设施。

(2) 使用泡沫管枪、多功能水枪、喷雾水枪、自动移动炮等专用消防设备，以泄漏点为中心，设置水幕、蒸汽幕或铺设水幕水带，进行稀释降毒，采用雾状射流形成水幕，防止泄漏的溶剂油蒸气向重要部位或危险源扩散。

28.6.9 处置程序(关阀堵漏)

(1) 生产装置或管道发生泄漏，阀门尚未破坏时，可协助技术人员或在技术人员指导下，使用喷雾水枪掩护，关闭阀门，制止泄漏。

（2）罐体、管道、阀门、法兰泄漏，作战人员要积极配合、掩护公司专业堵漏部门实施堵漏。

28.6.10　输转倒罐

（1）使用防爆型的通风系统和设备。防止蒸气泄漏到工作场所空气中。避免与氧化剂、接触。灌装时应控制流速，且有接地装置，防止静电积聚。

（2）在确保现场安全的条件下，利用车载式或移动式防爆泵直接向外部罐车倒罐，防爆泵倒罐可分为现场倒罐和异地倒罐两种，灌装时应控制流速，且有接地装置，防止静电积聚。作业区环境溶剂油浓度必须低于爆炸下限60%时，方可采用实施倒罐。

（3）惰性气体置换，通过气相阀，向槽车或容器有控制地释放氮气等惰性气体，将汽油置换到其他容器储罐。

（4）利用压力差倒罐，利用水平落差产生的自然压力将事故罐的物料导入其他储罐容器或槽车，降低危险程度。

（5）实施倒罐作业时，管线、设备必须做到良好接地，否则决不允许实施倒罐。

28.6.11　化学中和

溶解性：不溶于水，溶于多数有机溶剂。使用防爆型的通风系统和设备。防止蒸气泄漏到工作场所空气中。避免与氧化剂接触。灌装时应控制流速，且有接地装置，防止静电积聚。搬运时要轻装轻卸，防止包装及容器损坏。配备相应品种和数量的消防器材及泄漏应急处理设备。倒空的容器可能残留有害物。

28.6.12　洗消处理

（1）在危险区和安全区交界处设立洗消站。

（2）洗消对象：轻度中毒人员、重度中毒人员在送医院治疗之前、现场的各级人员以及抢险救援器材装备。

（3）洗消方法：物理洗消法，即用吸附垫、活性炭等具有吸附能力的物质，吸附回收后转移处理，对染毒空气可用排烟机吹散降毒。也可对污染区暂时封闭，喷射雾状水进行稀释。

（4）洗消和处置用水排放必须经过公司环保部门检测，防止二次污染。

28.6.13 后续现场清理

（1）继续使用喷雾水、蒸汽或惰性气体清扫现场内事故设备、罐、管道、低洼、排水沟等处，确保不留残液。

（2）作战中队结束战斗后要立即清点本队人员是否到齐，收集整理器材装备。

（3）撤除警戒，做好现场移交，安全撤离。

28.6.14 溶剂油泄漏救援处置程序总体要求

（1）在行动开始之初，指挥员必须观察当天风向，保持与119指挥中心的沟通，所有车辆必须选择上风方向逐渐接近现场，并保持一定距离，停靠在上风方向的适当位置。一线作战使用的水源尽量使用上风方向水源。

（2）水枪阵地的设置尽量选择上风、侧上风作为进攻路线。选择灭火剂以泡沫为主要处置用剂。

（3）支（中）队指挥部的设置应在上风方向或设置在警戒区以外，并远离高空管廊。

（4）一切行动要绝对服从命令，采取的行动要严防引发爆炸，进入危险区域的作战人员要挑选素质好、业务强的队员，如遇雷电天气，要慎重采取行动。

（5）注意观察救援人员的身体状况，并进行健康跟踪检查。对轻微中毒人员应立即转移到空气新鲜处，对接触毒物的皮肤、面部可用肥皂水或清水冲洗，症状严重者立即送医院治疗。

（6）溶剂油的生产、储存装置发生泄漏事故，主要由公司和事故单位负责处置，消防支（中）队负责协助、掩护。当事故单位不能采取有效措施时，救援人员应在工程技术人员的指导下配合行动，严禁盲目采取行动。

29 三异丁基铝事故救援与处置

三异丁基铝作为一种重要的化工原料，主要用作有机合成及作聚合烯烃的催化剂。化学反应活性很高，接触空气会冒烟自燃。对微量的氧及水分反应极其灵敏，易引起燃烧爆炸。

29.1 三异丁基铝危害性概述

（1）危险性类别：第 4.2 类，自燃物品。

（2）危险性综述：本品易燃，具强腐蚀性、强刺激性，可致人体灼伤。

（3）侵入途径：吸入、食入。

（4）健康危害：本品具有强烈的刺激性和腐蚀性，主要损害呼吸道和眼结膜。高浓度吸入时可引起中毒性肺水肿。吸入其烟雾可发生金属烟雾热。皮肤接触可致灼伤，产生充血、水肿和水疱，疼痛剧烈。

（5）外观与性状：无色澄清液体，具有强烈的霉烂气味。

29.2 事故特点

（1）化学反应活性很高，接触空气会冒烟自燃。

（2）对微量的氧及水分反应极其灵敏，易引起燃烧爆炸。

（3）与氧化剂能发生强烈反应。遇水强烈分解，放出易燃的烷烃气体。遇高温剧烈分解。

（4）三异丁基铝的闪点为 0℃，引燃温度为-4℃，熔点为-5.6℃，沸点 86℃，爆炸速度快。

（5）毒性强，处置难度大。遇水强烈分解，放出易燃的烷烃气体。

(6) 适用的灭火方法：采用干粉、干沙灭火。

(7) 严禁使用水和泡沫灭火。

29.3 急救措施

(1) 皮肤接触：立即脱去污染的衣服，用大量流动清水冲洗至少 15min。就医。

(2) 眼睛接触：立即提起眼睑，用大量流动清水或生理盐水彻底冲洗至少 15min。就医。

(3) 吸入：迅速脱离现场至空气新鲜处。保持呼吸道通畅。如呼吸困难，给输氧。如呼吸停止，立即进行人工呼吸。就医。

(4) 食入：用水漱口，给饮牛奶或蛋清。就医。

29.4 接警调度

(1) 消防支(中)队 119 指挥中心接到三异丁基铝事故报警时，重点要询问事故容器、地点、时间、部位、强度和范围，是否有人员伤亡和被困。

(2) 随时做好与报警单位和报警人员保持联系，充分掌握事态发展变化状况，加强与赶赴现场的责任队指挥员、支(中)队指挥员的沟通与汇报。

(3) 指挥中心接警后在调派责任队的同时立即向支(中)队值班领导汇报情况，根据支(中)队值班领导的命令调集增援力量。并向所属公司总调度汇报情况。

29.5 现场力量调集

(1) 责任中队接到指挥中心指令后，按照管辖区域迅即出动，指挥员要进一步与支队 119 指挥中心了解现场情况，同时观察当日风向，必须选择上风方向接近现场。

(2) 车辆装备的调集主要是支(中)队现有的抢险救援车、

气防车、干粉车为主，重点优先调集装备干粉的消防车。同时根据现场情况调集支(中)队储备的空气呼吸器、防护服、避火服，如遇有紧急情况请求总调调集各生产单位空气呼吸器送往一线。

(3) 消防支(中)队119指挥中心在做好力量调集的同时，迅速向公司总调度汇报情况，由公司调集生产部门、安环部门、设备部门、动力部门等相关单位到场协助处置。

29.6 现场处置

29.6.1 侦察检测

(1) 责任队到场后首先要将本队车辆置于上风或侧上风方向，指挥员要视事故现场初步情况，在方圆100m范围内设置警戒线，保持本队与事故地点不小于50m的距离。

(2) 责任队指挥员要立即向现场的岗位职工、技术人员询问了解情况，根据当日风向、风力，掌握泄漏区域三异丁基铝泄漏情况。

(3) 查明被困、遇险人员数量、位置，制定好营救路线，组织抢险组做好个人防护工作，深入现场抢救被困遇险人员。

(4) 掌握泄漏部位周边毗邻情况，如储罐区则要进一步了解储罐数量、泄漏储罐储存量及邻近罐储量、管线和罐区的总储量。

(5) 迅速撤离泄漏污染区人员至安全区，并进行隔离，严格限制出入。切断火源。参加处置人员必须戴空气呼吸器，穿重型防化服。严禁直接接触泄漏物。尽可能切断泄漏源。

29.6.2 疏散与警戒

(1) 在事故单位前期疏散人员情况的基础上，进一步强制滞留人员远离污染现场，在泄漏区域及扩散可能涉及范围内除救援人员外，其他人员一律强制疏散隔离到区域之外。

(2) 气防站(或特勤)指挥员要立即开展对泄漏污染区域的，

在事故单位原有警戒线的位置，依据实际情况确定警戒范围。引导公司负责警戒部门扩大警戒范围，合理设置出入口，严格控制进入警戒区的人员、车辆、物资。

（3）根据有关专业部门提供的处置方案，支队随时调整进攻力量部署以及警戒位置。

29.6.3 禁绝火源

事故区域各种使用的电源、火源要全部切断，停止使用，禁止和消除警戒区内一切能引起燃烧爆炸的火焰条件。凡是进入现场人员一律不得使用移动电话，非防爆通信设备、照明设备。各级指挥员首先要对进入现场的战斗人员进行检查，所有以上所列的物品不得带入现场。

29.6.4 个人防护

（1）凡是在距泄漏点最近的一线参加执行处置任务的战斗人员，必须按照要求穿着重型防化服、轻便防化服、避火服，佩戴空气呼吸器，一线作战人员必须戴消防手套。

（2）在后方执行任务的战斗人员，可由现场指挥员依据实际情况酌定。

29.6.5 消防救生小组

由气防站(或特勤)组成救护小组，担负现场救生任务，救生人员必须穿着防化服，佩戴空气呼吸器，携带救生器材进入警界区域之内，采取正确的救助方式，将遇险人员转移至安全区，对救出的人员进行登记、标识和现场简单的救治处理，并送交医疗急救部门。

29.6.6 处置论证

支(中)队组织事故单位、安环部、生产部、设备部等相关部门技术人员或专家判断事故状况，提供技术支持，制定抢险救援方案。严加密闭，提供充分的局部排风和全面通风。操作人员必须经过专门培训，严格遵守操作规程。操作人员佩戴自吸过滤式防毒面具(全面罩)，穿胶布防毒衣，戴橡胶手套。远离火种、热源，工作场所严禁吸烟。使用防爆型的通风系统和设备。防止蒸气泄漏到工作场所空气中。避免与氧化剂、酸类、醇类接触。尤其要注意避免与水接触。搬运时要轻装轻卸，防止包装及容器损坏，倒空的容器可能残留有害物。

29.6.7　现场灭火剂供给

支(中)队制定统一干粉供给方案，选定前、后方调集高效的干粉车辆和装备。

29.6.8　化学中和

三异丁基铝的溶解性：溶于苯。小量泄漏：用沙土或其他不燃材料吸附或吸收。大量泄漏：构筑围堤或挖坑收容。回收至专用收集器内，或运至废物处理场所处置。

29.6.9　洗消处理

(1) 在危险区和安全区交界处设立洗消站。

(2) 参加处置的人员应及时沐浴更衣，单独存放被毒物污染的衣服，洗后备用。

(3) 洗消和处置用水排放必须经过公司环保部门检测，防止二次污染。

29.6.10　后续现场清理

(1) 继续检查泄漏部位是否没有残留的三异丁基铝。

(2) 作战中队结束战斗后要立即清点本队人员是否到齐，收集整理器材装备。

(3) 撤除警戒，做好现场移交，安全撤离。

29.6.11　三异丁基铝救援处置程序总体要求

(1) 在行动开始之初，指挥员必须保持与119指挥中心的沟通，所有车辆必须与现场保持不小于50m的距离，防止一旦发生爆炸事故涉及参战车辆和人员。

(2) 选择灭火剂以干粉或干沙为主要处置用剂，禁止使用泡沫和水。

(3) 支(中)队指挥部的设置在警戒区以外，并远离高空管廊。

(4) 一切行动要绝对服从命令，采取的行动要严防引发爆炸，进入危险区域的作战人员要挑选素质好、业务强的队员，如遇雷电天气，要慎重采取行动。

(5) 注意观察救援人员的身体状况，并进行健康跟踪检查。对轻微中毒人员应立即转移到空气新鲜处，对接触毒物的皮肤、面部可用肥皂水或清水冲洗，症状严重者立即送医院治疗。

(6) 三异丁基铝的生产、储存发生事故，主要由公司和事故单位负责处置，消防支(中)队负责协助、掩护。当事故单位不能采取有效措施时，救援人员应在工程技术人员的指导下配合行动，严禁盲目采取行动。

30 乙酸泄漏事故救援与处置

乙酸(醋酸)作为一种重要的化工原料，主要用作于制造醋酸盐、醋酸纤维素、医药、颜料、酯类、塑料、香料等。在生产、储存、运输、使用过程中发生泄漏，易发生燃烧和中毒事故，造成人员伤亡和区域性污染。

30.1 乙酸危害性概述

（1）危险性类别：第 8.1 类，酸性腐蚀品。

（2）危险性综述：本品易燃，具腐蚀性、强刺激性，可致人体灼伤，对环境有危害，对水体可造成污染。

（3）侵入途径：吸入、食入、经皮吸收。

（4）健康危害：吸入本品蒸气对鼻、喉和呼吸道有刺激性。对眼有强烈刺激作用。皮肤接触，轻者出现红斑，重者引起化学灼伤。误服浓乙酸，口腔和消化道可产生糜烂，重者可因休克而致死。慢性影响：眼睑水肿、结膜充血、慢性咽炎和支气管炎。长期反复接触，可致皮肤干燥、脱脂和皮炎。

（5）外观与形状：无色透明液体，有刺激性酸臭。

30.2 事故特点

（1）易燃，其蒸气与空气可形成爆炸性混合物，遇明火、高热能引起燃烧爆炸。

（2）与铬酸、过氧化钠、硝酸或其他氧化剂接触，有爆炸危险。具有腐蚀性。

（3）用水喷射溢出液体，使其稀释成不燃性混合物，并用雾状水保护消防人员。灭火剂选用雾状水、抗溶性泡沫、干粉、二氧化碳。

(4) 处置难度大。乙酸对人体具有强烈的刺激性、腐蚀性。处置要求高，难度大。

(5) 乙酸的溶解性：溶于水、醚、甘油，不溶于二硫化碳。

(6) 乙酸的爆炸极限为 4.0% ~ 17.0% (体积)，闪点为 39℃，爆炸速度快。

30.3 急救措施

(1) 皮肤接触：立即脱去污染的衣着，用大量流动清水冲洗至少 15min。就医。

(2) 眼睛接触：立即提起眼睑，用大量流动清水或生理盐水彻底冲洗至少 15min。就医。

(3) 吸入：迅速脱离现场至空气新鲜处。保持呼吸道通畅。如呼吸困难，给输氧。如呼吸停止，立即进行人工呼吸。就医。

(4) 食入：用水漱口，给饮牛奶或蛋清。就医。

30.4 接警调度

(1) 消防支(中)队 119 指挥中心接到乙酸泄漏报警时，重点要询问泄漏容器、地点、时间、部位、强度和范围，是否有人员伤亡和被困。

(2) 随时做好与报警单位和报警人员保持联系，充分掌握事态发展变化状况，加强与赶赴现场的责任队指挥员、支(中)队指挥员的沟通与汇报。

(3) 指挥中心接警后在调派责任队的同时立即向支(中)队值班领导汇报情况，根据支(中)队值班领导的命令调集增援力量。并向所属公司总调度汇报情况。

30.5 现场力量调集

(1) 责任中队接到指挥中心指令后，按照管辖区域迅即出动，指挥员要进一步与支队119指挥中心了解现场情况，同时观察当日风向，必须选择上风方向接近现场。

（2）车辆装备的调集主要是支(中)队现有的抢险救援车、气防车、泡沫车、干粉车为主。同时根据现场情况优先调集支(中)队装载抗溶性泡沫的车辆，储备的空气呼吸器、防化服、避火服，如遇有紧急情况请求总调调集各生产单位耐酸碱防护服送往一线。

（3）消防支(中)队119指挥中心在做好力量调集的同时，迅速向公司总调度汇报情况，由公司调集生产部门、安环部门、设备部门、动力部门等相关单位到场协助处置。

30.6 现场处置

30.6.1 侦察检测

（1）责任队到场后首先要将本队车辆置于上风或侧上风方向，指挥员要视泄漏现场初步情况，在小范围泄漏情况下保持本队与事故地点不小于150m的距离；在大范围泄漏情况下保持本队与事故地点不小于300m的距离。

（2）责任队指挥员要立即与现场的岗位职工、技术人员询问了解情况，根据当日风向、风力，掌握泄漏乙酸的浓度和扩散的方向。

（3）查明被困、遇险人员数量、位置，制定好营救路线，组织抢险组做好个人防护工作，必须穿戴全封闭式重型防化服，深入现场抢救被困遇险人员。

（4）掌握泄漏部位周边毗邻情况，装置分布情况，人员集中的场所位置，交通情况、水源情况等。

（5）不要直接接触泄漏物。尽可能切断泄漏源。防止进入下水道、排洪沟等限制性空间。小量泄漏：用沙土、干燥石灰或苏打灰混合。大量泄漏：构筑围堤或挖坑收容。喷雾状水冷却和稀释蒸汽、保护现场人员、把泄漏物稀释成不燃物。用防爆泵转移至槽车或专用收集器内，回收或运至废物处理场所处置。

30.6.2 疏散与警戒

(1) 在事故单位前期疏散人员情况的基础上，进一步强制滞留人员远离污染现场，在泄漏区域及扩散可能涉及范围内除救援人员外，其他人员一律强制疏散隔离到区域之外。

(2) 气防站(或特勤)指挥员要立即开展对泄漏污染区域的检测工作，根据检测的结果，在事故单位原有警戒线的位置。以检测结果划分重危区、轻危区、安全区，引导公司负责警戒部门扩大警戒范围，合理设置出入口，严格控制进入警戒区特别是重危区的人员、车辆、物资。

(3) 根据有关专业部门检测情况，支(中)队随时调整进攻力量部署以及警戒位置。

30.6.3 禁绝火源

事故区域各种使用的电源、火源要全部切断，停止使用，禁止和消除警戒区内一切能引起燃烧爆炸的火焰条件。凡是进入现场人员一律不得使用移动电话，非防爆通信设备、照明设备。各级指挥员首先要对进入现场的战斗人员进行检查，所有以上所列的物品不得带入现场。

30.6.4 个人防护

(1) 凡是在前段下风或距泄漏点最近的方向执行堵截任务的战斗人员，必须按照要求穿着重型防化服、轻便防化服，佩戴空气呼吸器。

(2) 在中、后段执行任务的战斗人员，可由现场指挥员依据实际情况酌定。

30.6.5 消防救生小组

由气防站(或特勤)组成救护小组，担负现场救生任务，救生人员必须穿着防化服，佩戴空气呼吸器，携带救生器材进入警界区域之内，采取正确的救助方式，将遇险人员迅速转移至安全区，对救出的人员进行登记、标志和现场简单的救治处理，并送交医疗急救部门。

30.6.6　处置论证

支(中)队组织事故单位、安环部、生产部、设备部等相关部门技术人员或专家判断事故状况，提供技术支持，制定抢险救援方案。消除泄漏区域范围内存在的与泄漏物能够发生化学反应的物质。不要直接接触泄漏物。尽可能切断泄漏源。防止进入下水道、排洪沟等限制性空间。小量泄漏：用砂土、干燥石灰或苏打灰混合。大量泄漏：构筑围堤或挖坑收容。喷雾状水冷却和稀释蒸气、保护现场人员、把泄漏物稀释成不燃物。用防爆泵转移至槽车或专用收集器内，回收或运至废物处理场所处置。

30.6.7　现场物资供给

支(中)队制定统一的供给方案，选定前、后方水源，调集干粉车辆和装备，保证一线处置物资的供应。

30.6.8　稀释降毒

(1) 启用现场单位的水喷淋等固定设施、蒸汽设施、固定炮的消防设施。

(2) 使用多功能水枪、喷雾水枪、自动移动炮等专用消防设备，以泄漏点为中心，设置水幕、蒸汽幕或铺设水幕水带，进行稀释降毒，采用雾状射流形成水幕，防止泄漏乙酸向重要部位或危险源扩散。

(3) 稀释的时候不易使用直流水，对泄漏出来的液体可用抗溶性泡沫进行覆盖。

30.6.9　处置程序(关阀堵漏)

(1) 生产装置或管道发生泄漏，阀门尚未破坏时，可协助技术人员或在技术人员指导下，使用喷雾水枪掩护，关闭阀门，制止泄漏。

(2) 罐体、管道、阀门、法兰泄漏，作战人员要积极配合、

掩护公司专业堵漏部门实施堵漏。

30.6.10 输转倒罐

（1）防止蒸气泄漏到工作场所空气中。使用防爆型的通风系统和设备。防止蒸气泄漏到工作场所空气中。避免与氧化剂、碱类接触。搬运时要轻装轻卸，防止包装及容器损坏。配备相应品种和数量的消防器材及泄漏应急处理设备。倒空的容器可能残留有害物。

（2）在确保现场安全的条件下，用泵转移至槽车或专用收集器内，回收或运至废物处理场所处置。

（3）利用压力差倒罐，利用水平落差产生的自然压力将事故罐的物料导入其他储罐容器或槽车，降低危险程度。

30.6.11 化学中和

溶解性：溶于水、醚、甘油，不溶于二硫化碳。

30.6.12 洗消处理

（1）在危险区和安全区交界处设立洗消站。

（2）洗消对象：轻度中毒人员、重度中毒人员在送医院治疗之前、现场的各级人员以及抢险救援器材装备。

（3）洗消方法：物理洗消法，即用吸附垫、活性炭等具有吸附能力的物质，吸附回收后转移处理，对染毒空气可用排烟机吹散降毒。也可对污染区暂时封闭，喷射雾状水进行稀释。

（4）洗消和处置用水排放必须经过公司环保部门检测，防止二次污染。

30.6.13 后续现场清理

（1）继续使用喷雾水、蒸汽或惰性气体清扫现场内事故设备、罐、管道、低洼、排水沟等处，确保不留残液。

（2）作战中队结束战斗后要立即清点本队人员是否到齐，收集整理器材装备。

（3）撤除警戒，做好现场移交，安全撤离。

30.6.14 乙酸泄漏救援处置程序总体要求

（1）在行动开始之初，指挥员必须观察当天风向，保持与

119 指挥中心的沟通，所有车辆必须选择上风方向逐渐接近现场，并保持一定距离，停靠在上风方向的适当位置。一线作战使用的处置物资尽量以雾状水、抗溶性泡沫、干粉、二氧化碳为主。

(2) 支(中)队指挥部的设置应在上风方向或设置在警戒区以外。

(3) 一切行动要绝对服从命令，采取的行动要严防引发爆炸，进入危险区域的作战人员要挑选素质好、业务强的队员，要慎重采取行动。

(4) 注意观察救援人员的身体状况，并进行健康跟踪检查。对轻微中毒人员应立即转移到空气新鲜处，症状严重者立即送医院治疗。

(5) 乙酸的生产、储存装置发生泄漏事故，主要由公司和事故单位负责处置，消防支(中)队负责协助、掩护。当事故单位不能采取有效措施时，救援人员应在工程技术人员的指导下配合行动，严禁盲目采取行动。

31 乙醇泄漏事故救援与处置

乙醇作为一种重要的化工原料，主要用于化工原料或溶剂，也可作为乙醇汽油组分或添加剂，制酒工业、有机合成、消毒以及用作溶剂。在生产、储存、运输、使用过程中发生泄漏，极易发生燃烧爆炸和中毒事故，造成人员伤亡和区域性污染。

31.1 乙醇危害性概述

(1) 危险性类别：第3.2类，中闪点易燃液体。

(2) 危险性综述：本品易燃，具刺激性。

(3) 侵入途径：吸入、食入、经皮吸收。

(4) 健康危害：本品为中枢神经系统抑制剂。首先引起兴奋，随后抑制。急性中毒：急性中毒多发生于口服。一般可分为兴奋、催眠、麻醉、窒息四阶段。患者进入第三或第四阶段，出现意识丧失、瞳孔扩大、呼吸不规律、休克、心力循环衰竭及呼吸停止。慢性影响：在生产中长期接触高浓度本品可引起鼻、眼、黏膜刺激症状，以及头痛、头晕、疲乏、易激动、震颤、恶心等。长期酗酒可引起多发性神经病、慢性胃炎、脂肪肝、肝硬化、心肌损害及器质性精神病等。皮肤长期接触可引起干燥、脱屑、皲裂和皮炎。

(5) 外观与性状：无色液体，有酒香。

31.2 事故特点

(1) 扩散迅速，危害范围大。乙醇泄漏后可由液相变为气相，易形成大面积扩散区。

(2) 易燃，其蒸气与空气可形成爆炸性混合物，遇明火、高热能引起燃烧爆炸。与氧化剂接触发生化学反应或引起燃烧。

(3) 在火场中，受热的容器有爆炸危险。其蒸气比空气重，能在较低处扩散到相当远的地方，遇火源会着火回燃。

(4) 乙醇的爆炸极限为 3.3% ~ 19.0%(体积)，闪点为 12℃，爆炸速度快。

(5) 毒性强，处置难度大。吸入浓度高、量大的乙醇能致人死亡。发生泄漏的部位及压力等因素各不相同，处置要求高，难度大。工作现场禁止吸烟、进食和饮水。

(6) 乙醇的溶解性：与水混溶、可混溶于醚、氯仿、甘油等多数有机溶剂。

(7) 喷水冷却容器，保持火场容器冷却，也可将容器从火场移至空旷处。处在火场中的容器若已变色或从安全泄压装置中产生声音，必须马上撤离。灭火剂：抗溶性泡沫、干粉、二氧化碳、沙土。

31.3 急救措施

(1) 皮肤接触：脱去污染的衣着，用肥皂水和清水彻底冲洗皮肤。

(2) 眼睛接触：提起眼睑，用流动清水或生理盐水冲洗。就医。

(3) 吸入：迅速脱离现场至空气新鲜处。保持呼吸道通畅。如呼吸困难，给输氧。如呼吸停止，立即进行人工呼吸。就医。

(4) 食入：饮足量温水，催吐。就医。

31.4 接警调度

(1) 消防支(中)队 119 指挥中心接到乙醇泄漏报警时，重点要询问泄漏容器、地点、时间、部位、强度和范围，是否有人员伤亡和被困。

(2) 随时做好与报警单位和报警人员保持联系，充分掌握事态发展变化状况，加强与赶赴现场的责任队指挥员、支(中)队指挥员的沟通与汇报。

(3) 指挥中心接警后在调派责任队的同时立即向支(中)队值班领导汇报情况，根据支队值班领导的命令调集增援力量。并向所属公司总调度汇报情况。

31.5 现场力量调集

(1) 责任中队接到指挥中心指令后，按照管辖区域迅即出动，指挥员要进一步与支(中)队 119 指挥中心了解现场情况，同时观察当日风向，必须选择上风方向接近现场。

(2) 车辆装备的调集主要是支(中)队现有的抢险救援车、气防车、泡沫车、干粉车、水罐车为主，优先调集车载抗溶性泡沫的消防车。同时根据现场情况调集支(中)队储备的空气呼吸器、防护服、避火服，如遇有紧急情况请求总调调集各生产单位空气呼吸器送往一线。

(3) 消防支(中)队 119 指挥中心在做好力量调集的同时，迅速向公司总调汇报情况，由公司调集生产部门、安环部门、设备部门、动力部门等相关单位到场协助处置。

31.6 现场处置

31.6.1 侦察检测

(1) 责任队到场后首先要将本队车辆置于上风或侧上风方向，指挥员要视污染现场初步情况，在小范围泄漏情况下保持本队与事故地点不小于 150m 的距离；在大范围泄漏情况下保持本队与事故地点不小于 300m 的距离。

(2) 责任队指挥员要立即向现场的岗位职工、技术人员询问了解情况，根据当日风向、风力，掌握泄漏区域乙醇的浓度和扩散的方向。

(3) 查明被困、遇险人员数量、位置，制定好营救路线，组织抢险组做好个人防护工作，深入现场抢救被困遇险人员。

（4）掌握泄漏部位周边毗邻情况，如储罐区则要进一步了解储罐数量、泄漏储罐储存量及邻近罐储量、管线和罐区的总储量。

（5）充分利用现场的消防水源，消防车辆要远离现场，以串联供水的方式实行远距离供水，指挥员可以部署战斗力量就近使用消火栓直接供水，同时尽量减少一线人员数量，少出水枪，多出自动炮或移动炮(使用人员少的装备)控制泄漏区域。

31.6.2 疏散与警戒

（1）在事故单位前期疏散人员情况的基础上，进一步强制滞留人员远离污染现场，在泄漏区域及扩散可能涉及范围内除救援人员外，其他人员一律强制疏散隔离到区域之外。

（2）气防站(或特勤)指挥员要立即开展对泄漏污染区域的检测工作，根据检测的结果，在事故单位原有警戒线的位置，以泄漏浓度值为爆炸下限的20%为标准确定警戒范围。以检测结果划分重危区、轻危区、安全区，引导公司负责警戒部门扩大警戒范围，合理设置出入口，严格控制进入警戒区特别是重危区的人员、车辆、物资。

（3）根据有关专业部门检测情况，支队随时调整进攻力量部署以及警戒位置。

31.6.3 禁绝火源

事故区域各种使用的电源、火源要全部切断，停止使用，禁止和消除警戒区内一切能引起燃烧爆炸的火焰条件。凡是进入现场人员一律不得使用移动电话，非防爆通信设备、照明设备。各级指挥员首先要对进入现场的战斗人员进行检查，所有以上所列的物品不得带入现场。

31.6.4 个人防护

（1）凡是在前段下风或距泄漏点最近的方向执行堵截与稀释任务的战斗人员，必须按照要求穿着重型防化服、轻便防化服、避火服，佩戴空气呼吸器，一线作战人员必须戴消防手套。

(2) 凡是在中段执行下风或距泄漏点最近的方向任务的战斗人员，必须穿着轻便防化服，佩戴空气呼吸器。

(3) 在后段执行任务的战斗人员，可由现场指挥员依据实际情况酌定。

31.6.5　消防救生小组

由气防站(或特勤)组成救护小组，担负现场救生任务，救生人员必须穿着防化服，佩戴空气呼吸器，携带救生器材进入警界区域之内，采取正确的救助方式，将遇险人员转移至安全区，对救出的人员进行登记、标志和现场简单的救治处理，并送交医疗急救部门。

31.6.6　处置论证

支(中)队组织事故单位、安环部、生产部、设备部等相关部门技术人员或专家判断事故状况，提供技术支持，制定抢险救援方案。尽可能切断泄漏源。防止进入下水道、排洪沟等限制性空间。小量泄漏：用沙土或其他不燃材料吸附或吸收。也可以用大量水冲洗，洗水稀释后放入废水系统。大量泄漏：构筑围堤或挖坑收容。用泡沫覆盖，降低蒸气灾害。用防爆泵转移至槽车或专用收集器内，回收或运至废物处理场所处置。

31.6.7　现场水源供给

支(中)队制定统一供水方案，选定前、后方水源，调集高效的供水车辆和装备，采取远距离的供水方法，保证一线用水。

31.6.8　稀释降毒

(1) 启用现场单位的水喷淋等固定设施、蒸汽设施、固定炮的消防设施。

(2) 使用多功能水枪、喷雾水枪、自动移动炮等专用消防设备，以泄漏点为中心，设置水幕、蒸汽幕或铺设水幕水带，进行稀释降毒，采用雾状射流形成水幕，防止泄漏乙醇向重要部位或危险源扩散。

(3) 稀释的时候不易使用直流水，以雾状水溶解稀释挥发的蒸气。

31.6.9 处置程序(关阀堵漏)

(1) 生产装置或管道发生泄漏，阀门尚未破坏时，可协助技术人员或在技术人员指导下，使用喷雾水枪掩护，关闭阀门，制止泄漏。

(2) 罐体、管道、阀门、法兰泄漏，作战人员要积极配合、掩护公司专业堵漏部门实施堵漏。

31.6.10 输转倒罐

(1) 在确保现场安全的条件下，利用车载式或移动式防爆泵直接向外部罐车倒罐，防爆泵倒罐可分为现场倒罐和异地倒罐两种，作业区环境乙醇蒸气浓度必须低于爆炸下限60%时，方可采用实施倒罐。

(2) 防止蒸气泄漏到工作场所空气中。避免与氧化剂、酸类、碱金属、胺类接触。灌装时应控制流速，且有接地装置，防止静电积聚。配备相应品种和数量的消防器材及泄漏应急处理设备。倒空的容器可能残留有害物。

(3) 利用压力差倒罐，利用水平落差产生的自然压力将事故罐的物料导入其他储罐容器或槽车，降低危险程度。

(4) 实施倒罐作业时，管线、设备必须做到良好接地，否则决不允许实施倒罐。

31.6.11 化学中和

小量泄漏：用沙土或其他不燃材料吸附或吸收。也可以用大量水冲洗，洗水稀释后放入废水系统。大量泄漏：构筑围堤或挖坑收容。用泡沫覆盖，降低蒸气灾害。用防爆泵转移至槽车或专用收集器内，回收或运至废物处理场所处置。

31.6.12 洗消处理

(1) 在危险区和安全区交界处设立洗消站。

(2) 洗消对象：轻度中毒人员、重度中毒人员在送医院治疗之前、现场的各级人员以及抢险救援器材装备。

（3）洗消方法：化学洗消法，即使用稀盐酸等酸性物质溶于水中喷洒在染毒区域或受污染物体表面，发生化学反应，成为无毒或低毒物质。物理洗消法，即用吸附垫、活性炭等具有吸附能力的物质，吸附回收后转移处理，对染毒空气可用排烟机吹散降毒。也可对污染区暂时封闭，依靠自然条件如日晒、雨淋、通风等使毒气消失。也可喷射雾状水进行稀释降毒。

（4）洗消和处置用水排放必须经过公司环保部门检测，防止二次污染。

31.6.13　后续现场清理

（1）继续使用喷雾水、蒸汽或惰性气体清扫现场内事故设备、罐、管道、低洼、排水沟等处，确保不留残液。

（2）作战中队结束战斗后要立即清点本队人员是否到齐，收集整理器材装备。

（3）撤除警戒，做好现场移交，安全撤离。

31.6.14　乙醇泄漏救援处置程序总体要求

（1）在行动开始之初，指挥员必须观察当天风向，保持与119指挥中心的沟通，所有车辆必须选择上风方向逐渐接近现场，并保持一定距离，停靠在上风方向的适当位置。一线作战使用的水源尽量使用上风方向水源。

（2）水枪阵地的设置尽量选择上风、侧上风作为进攻路线。

（3）支(中)队指挥部的设置应在上风方向或设置在警戒区以外，并远离高空管廊。

（4）一切行动要绝对服从命令，采取的行动要严防引发爆炸，进入危险区域的作战人员要挑选素质好、业务强的队员，如遇雷电天气，要慎重采取行动。

（5）注意观察救援人员的身体状况，并进行健康跟踪检查。对轻微中毒人员应立即转移到空气新鲜处，对接触毒物的皮肤、面部可用肥皂水或清水冲洗，症状严重者立即送医院治疗。

(6) 乙醇的生产、储存装置发生泄漏事故，主要由公司和事故单位负责处置，消防支(中)队负责协助、掩护。当事故单位不能采取有效措施时，救援人员应在工程技术人员的指导下配合行动，严禁盲目采取行动。

32 丙酮事故救援与处置

丙酮主要用途是基本的有机原料和低沸点溶剂。用于生产甲基丙烯酸甲酯、醋酐、环氧树脂等，用作溶剂；在润滑油生产过程中，常与苯和甲苯混合作为脱蜡溶剂，也用作稀释剂、清洗剂、萃取剂。在生产、储存、运输、经营、使用过程中易发生泄漏和爆炸燃烧事故。

32.1 丙酮危害性概述

(1) 危险性类别：第3.1类，低闪点易燃液体。

(2) 危险性综述：本品极度易燃，具刺激性。

(3) 侵入途径：吸入、食入、经皮吸收。

(4) 健康危害：急性中毒主要表现为对中枢神经系统的麻醉作用，出现乏力、恶心、头痛、头晕、易激动。重者发生呕吐、气急、痉挛，甚至昏迷。对眼、鼻、喉有刺激性。口服后，先有口唇、咽喉有烧灼感，后出现口干、呕吐、昏迷、酸中毒和酮症。慢性影响：长期接触该品出现眩晕、灼烧感、咽炎、支气管炎、乏力、易激动等。皮肤长期反复接触可致皮炎。

(5) 外观与性状：无色透明易流动液体，有芳香气味，极易挥发。

32.2 事故特点

(1) 扩散迅速，危害范围大。丙酮一般以喷射状泄漏，由液相变为气相，体积迅速扩大，形成大面积危险区。

(2) 易发生爆炸燃烧，爆炸下限极低，泄漏后极易与空气形成爆炸混合物，遇火源发生爆炸或燃烧。

（3）燃烧猛烈，爆炸速度快，爆炸 2.5%～13.0%（体积），闪点为-20℃。

（4）处置要求高，难度大，发生泄漏的部位及压力等因素各不相同，造成各种危险因素多。

（5）其蒸气与空气可形成爆炸性混合物，遇明火、高热极易燃烧爆炸。与氧化剂能发生强烈反应。其蒸气比空气重，能在较低处扩散到相当远的地方，遇火源会着火回燃。若遇高热，容器内压增大，有开裂和爆炸的危险。

（6）灭火方法：切断气源。若不能切断气源，则不允许熄灭泄漏处的火焰。喷水冷却容器，处在火场中的容器若已变色或从安全泄压装置中产生声音，必须马上撤离。可能的话将容器从火场移至空旷处。灭火剂：泡沫、二氧化碳、干粉、雾状水。用水灭火无效。

32.3　急救措施

（1）皮肤接触：脱去污染的衣着，用肥皂水和清水彻底冲洗皮肤。

（2）眼睛接触：提起眼睑，用流动清水或生理盐水冲洗。就医。

（3）吸入：迅速脱离现场至空气新鲜处。保持呼吸道通畅。如呼吸困难，给输氧。如呼吸停止，立即进行人工呼吸。就医。

（4）食入：饮足量温水，催吐。就医。

32.4　接警调度

（1）消防支（中）队 119 指挥中心接到丙酮泄漏报警时，重点要询问泄漏容器、地点、时间、部位、强度和范围，是否有人员伤亡和被困。

（2）随时做好与报警单位和报警人员保持联系，充分掌握事态发展变化状况，加强与赶赴现场的责任队指挥员、支（中）

队指挥员的沟通与汇报。

(3) 指挥中心接警后在调派责任队的同时立即向支(中)队值班领导汇报情况，根据支(中)队值班领导的命令调集增援力量。并向所属公司总调度汇报情况。

32.5 现场力量调集

(1) 责任中队接到指挥中心指令后，按照管辖区域迅即出动，指挥员要进一步与支(中)队119指挥中心了解现场情况，同时观察当日风向，选择上风方向接近现场。

(2) 车辆装备的调集主要是支(中)队现有的抢险救援车、气防车、泡沫车、干粉车为主，优先调集干粉车到现场。

(3) 消防支(中)队119指挥中心在做好力量调集的同时，迅速向公司总调度汇报情况，由公司调集生产部门、安环部门、设备部门、动力部门等相关单位到场协助处置。

32.6 现场处置

32.6.1 侦察检测

(1) 责任队到场后首先要将本队车辆置于上风或侧上风方向，指挥员要视现场初步情况，保持本队与事故地点不小于150~300m的距离。

(2) 责任队指挥员要立即向现场的岗位职工、技术人员询问了解情况，根据当日风向、风力，掌握泄漏区域气体浓度和扩散的方向。

(3) 查明被困、遇险人员数量、位置，制定好营救路线，组织抢险组做好个人防护工作，深入现场抢救被困遇险人员。

(4) 掌握泄漏部位周边毗邻情况，如储罐区则要进一步了解储罐数量、泄漏储罐储存量及邻近罐储量、管线和罐区的总储量。

(5) 在泄漏情况下，充分利用现场的消防水源，如果车辆无法接近现场或距现场距离过远，指挥员可以部署战斗力量就近使用消火栓直接供水，出水枪、自动炮或移动炮控制泄漏区域。

32.6.2 疏散与警戒

（1）在事故单位前期疏散人员情况的基础上，进一步强制滞留人员远离现场，在泄漏区域及扩散可能涉及范围内除救援人员外，其他人员一律强制疏散到区域之外。

（2）气防站(或特勤)指挥员要立即开展对泄漏区域的检测工作，根据检测的结果，在事故单位原有警戒线的位置，以泄漏浓度值为爆炸下限的20%为标准确定警戒范围。以检测结果划分重危区、轻危区、安全区，引导公司负责警戒部门扩大警戒范围，合理设置出入口，严格控制进入警戒区特别是重危区的人员、车辆、物资。

（3）根据有关专业部门检测情况，支队随时调整进攻力量部署以及警戒位置。

32.6.3 禁绝火源

事故区域各种使用的电源、火源、高热设备要全部切断，停止使用，落实防静电措施；凡是进入现场人员一律不得使用移动电话，非防爆通信设备、照明设备。各级指挥员首先要对进入现场的战斗人员进行检查，所有以上所列的物资不得带入现场。

32.6.4 个人防护

（1）凡是在前段下风或距泄漏点最近的方向执行堵截与稀释任务的战斗人员，必须按照要求穿着重型防化服，佩戴空气呼吸器。

（2）凡是在中段执行下风或距泄漏点最近的方向任务的战斗人员，必须穿着轻便防化服，佩戴空气呼吸器，没有轻便防化服的人员，必须将衣领、袖口、裤口扎严、系紧，防止泄漏气体进入衣服内。

(3) 在后段执行任务的战斗人员，可由现场指挥员依据实际情况酌定。

32.6.5　消防救生小组

由气防站(或特勤)组成救护小组，担负现场救生任务，携带救生器材进入警界区域之内，采取正确的救助方式，将遇险人员转移至安全区，对救出的人员进行登记、标识和现场简单的救治处理，并送交医疗急救部门。

32.6.6　处置论证

支(中)队组织事故单位、安环部、生产部、设备部等相关部门技术人员或专家判断事故状况，提供技术支持，制定抢险救援方案。切断火源。建议应急处理人员戴自给正压式呼吸器，穿防静电工作服。尽可能切断泄漏源。防止进入下水道、排洪沟等限制性空间。小量泄漏：用沙土或其他不燃材料吸附或吸收。也可以用大量水冲洗，洗水稀释后放入废水系统。大量泄漏：构筑围堤或挖坑收容。用泡沫覆盖，降低蒸气灾害。用防爆泵转移至槽车或专用收集器内，回收或运至废物处理场所处置。

32.6.7　现场水源供给

支(中)队制定供水方案，选定前、后方水源，调集高效的供水车辆和装备，采取合理的供水方法，保证一线用水。

32.6.8　稀释堵截防爆

(1) 启用现场单位的水喷淋等固定设施、蒸汽设施、固定炮的消防设施。

(2) 使用多功能水枪、喷雾水枪、自动移动炮等专用消防设备，设置水幕、蒸汽幕或铺设水幕水带，驱散积聚、流动气体，稀释气体浓度，防止形成爆炸性混合物。

(3) 采用雾状射流形成水幕墙，防止气体向重要目标或危险源扩散。

(4) 若泄漏物质成液相沿地面流动时，可采用泡沫进行覆盖，降低其蒸发速度，缩小气云范围。但要注意防止泡沫强力冲击而加快丙酮的挥发速度。

(5) 对于积聚在建筑物和排水沟内的丙酮气体，可打开门窗或排水沟盖板，通过自然通风吹散。同时还可采用防爆机械送风进行驱散。

(6) 禁止使用直流水直接冲击泄漏部位，以免强水流冲击造成静电积聚、放电引起爆炸。

32.6.9 处置程序(关阀堵漏)

(1) 生产装置或管道发生泄漏，阀门尚未破坏时，可协助技术人员或在技术人员指导下，使用喷雾水枪掩护，关闭阀门，制止泄漏。

(2) 罐体、管道、阀门、法兰泄漏，作战人员要积极配合、掩护公司专业堵漏部门实施堵漏。

32.6.10 输转倒罐

(1) 使用防爆型的通风系统和设备。防止蒸气泄漏到工作场所空气中。避免与氧化剂、还原剂、碱类接触。灌装时应控制流速，且有接地装置，防止静电积聚。搬运时要轻装轻卸，防止包装及容器损坏。倒空的容器可能残留有害物。

(2) 在确保现场安全的条件下，利用车载式或移动式烃泵直接向外部罐车倒罐，烃泵倒罐可分为现场倒罐和异地倒罐两种，作业区环境丙酮蒸气浓度必须低于爆炸下限60%时，方可采用实施倒罐。

(3) 惰性气体置换，通过气相阀，向槽车或容器有控制地释放氮气等惰性气体，将丙酮置换到其他容器储罐。

(4) 压力差倒罐，利用水平落差产生的自然压力将事故罐的物料导入其他储罐容器或槽车，降低危险程度。

(5) 实施倒罐作业时，管线、设备必须做到良好接地，否则决不允许实施倒罐。

小量泄漏：用沙土或其他不燃材料吸附或吸收。也可以用不燃性分散剂制成的乳液刷洗，洗液稀释后放入废水系统。大量泄漏：构筑围堤或挖坑收容。用泡沫覆盖，降低蒸气灾害。

32.6.11 主动点燃

实施主动点燃，必须具备可靠的点燃条件，在落实严密的安全防范措施时，要缜密研究，制定方案，部署全面，谨慎进行，果断实施。

（1）点燃原则：在容器顶部受损泄漏、堵漏无效时；槽车在人员密集区泄漏，无法转移或堵漏时；泄漏浓度有限（浓度小于爆炸浓度下限30%）、范围较小、无法有效堵漏时；遇有不点燃会带来严重后果，而点燃则导致稳定燃烧，或泄漏量已经减少的情况下，可主动实施点燃措施。但现场气体扩散已达到一定范围，点燃很可能造成大能量爆燃或爆炸，能产生巨大冲击波，危及其他储罐和救援力量及周围群众，造成难以预料后果的，严禁采取点燃措施。

（2）点燃准备：担任掩护和防护的喷雾水枪要达到指定位置，确认危险区人员全部撤离，泄漏点周边区域经检测不在丙酮，爆炸浓度范围，使用安全点火工具，并采取正确的点火方法。

（3）点燃时机：在罐顶开口泄漏，一时无法实施堵漏，而气体泄漏的范围和浓度有限，同时有多支水枪或移动炮稀释掩护以及各种防护措施准备就绪的情况下，用点火棒点燃；如罐顶爆裂已经形成稳定燃烧，罐体被冷却保护后罐内压力减小，火焰被风吹灭，或被冷却水流打灭，但还有气体扩散出来，如不再次点燃，仍能造成危害时，应立即组织点燃。

32.6.12 后续现场清理

（1）继续使用喷雾水、蒸汽或惰性气体清扫现场内事故罐、管道、低洼、排水沟等处，确保不留残液（气）。

（2）作战中队结束战斗后要立即清点本队人员是否到齐，收集整理器材装备。

（3）撤除警戒，做好现场移交，安全撤离。

32.6.13　丙酮泄漏救援处置程序总体要求

（1）在行动开始之初，指挥员必须观察当天风向，保持与119指挥中心的沟通，所有车辆必须选择上风方向接近现场，停靠在上风方向的适当位置。进入危险区的车辆必须配有防火帽。尽量使用上风方向水源，在危险区内开启消火栓的时候消火栓扳子一定要使用织物包裹起来，方可开启，防止铁物撞击产生火花。

（2）水枪阵地的设置尽量选择上风、侧上风作为进攻路线。

（3）支(中)队指挥部的设置应在上风方向或设置在警戒区以外，并远离高空管廊。

（4）一切行动要绝对服从命令，采取的行动要严防引发爆炸，进入危险区域的作战人员要挑选素质好、业务强的队员，如遇雷电天气，要慎重采取行动。

（5）丙酮的生产、储存装置发生泄漏事故，主要由公司和事故单位负责处置，消防支(中)队负责协助、掩护。当事故单位不能采取有效措施时，救援人员应在工程技术人员的指导下配合行动，严禁盲目采取行动。

33 乙二醇泄漏事故救援与处置

乙二醇(甘醇)主要用于制造树脂、增塑剂、合成纤维、化妆品和炸药，并用作溶剂、配制发动机的抗冻剂。在生产、储存、运输、使用过程中发生泄漏，极易发生燃烧和中毒事故，造成人员伤亡和区域性污染。

33.1 乙二醇危害性概述

(1) 危险性类别：可燃液体。

(2) 危险性综述：本品可燃。

(3) 侵入途径：吸入、食入、经皮吸收。

(4) 健康危害：国内未见本品急慢性中毒报道。国外的急性中毒多系误服引起。吸入中毒表现为反复发作性昏厥，并可有眼球震颤，淋巴细胞增多。口服后急性中毒分三个阶段：第一阶段主要为中枢神经系统症状，轻者似乙醇中毒表现，重者迅速产生昏迷、抽搐，最后死亡；第二阶段，心肺症状明显，严重病例可有肺水肿，支气管肺炎，心力衰竭；第三阶段主要表现为不同程度肾功能衰竭。本品一次口服致死量估计为1.4mL/kg(1.56g/kg)，即总量为70~84mL。

33.2 事故特点

(1) 遇明火、高热可燃。与氧化剂可发生反应。若遇高热，容器内压增大，有开裂和爆炸的危险。

(2) 乙二醇的爆炸极限为3.2%~15.3%(体积)，闪点为110℃。

（3）乙二醇具有一定的毒性，处置难度较大。对外露皮肤具有一定的刺激性。

（4）乙二醇的溶解性：与水混溶，可混溶于乙醇、醚等。

（5）尽可能将容器从火场移至空旷处。喷水保持火场容器冷却，直至灭火结束。处在火场中的容器若已变色或从安全泄压装置中产生声音，必须马上撤离。灭火剂：雾状水、泡沫、干粉、二氧化碳、沙土。

33.3 急救措施

（1）皮肤接触：脱去污染的衣着，用大量流动清水冲洗。

（2）吸入：迅速脱离现场至空气新鲜处。保持呼吸道通畅。如呼吸困难，给输氧。如呼吸停止，立即进行人工呼吸。就医。

（3）食入：饮足量温水，催吐。洗胃，导泄。就医。

33.4 接警调度

（1）消防支(中)队 119 指挥中心接到苯泄漏报警时，重点要询问泄漏容器、地点、时间、部位、强度和范围，是否有人员伤亡和被困。

（2）随时做好与报警单位和报警人员保持联系，充分掌握事态发展变化状况，加强与赶赴现场的责任队指挥员、支队指挥员的沟通与汇报。

（3）指挥中心接警后在调派责任队的同时立即向支(中)队值班领导汇报情况，根据支(中)队值班领导的命令调集增援力量。并向公司总调汇报情况。

33.5 现场力量调集

（1）责任中队接到 119 指挥中心指令后，按照管辖区域迅即出动，指挥员要进一步与支(中)队 119 指挥中心了解现场情况，同时观察当日风向，必须选择上风方向接近现场。

(2) 车辆装备的调集主要是支队现有的抢险救援车、气防车、泡沫车、干粉车、水罐车为主，同时根据现场情况调集支(中)队储备的空气呼吸器、防护服、避火服，如遇有紧急情况请求总调度调集各生产单位空气呼吸器送往一线。

(3) 消防支(中)队 119 指挥中心在做好支队力量调集的同时，迅速向所属公司总调度汇报情况，由公司调集生产部门、安环部门、设备部门、动力部门等相关单位到场协助处置。

33.6 现场处置

33.6.1 侦察检测

(1) 责任队到场后首先要将本队车辆置于上风或侧上风方向，指挥员要视污染现场初步情况，在小范围泄漏情况下保持本队与事故地点不小于 50m 的距离；在大范围泄漏情况下保持本队与事故地点不小于 100m 的距离。

(2) 责任队指挥员要立即向现场的岗位职工、技术人员询问了解情况，根据当日风向、风力，掌握泄漏区域乙二醇的浓度和扩散的方向。

(3) 查明被困、遇险人员数量、位置，制定好营救路线，组织抢险组做好个人防护工作，深入现场抢救被困遇险人员。

(4) 掌握泄漏部位周边毗邻情况，如储罐区则要进一步了解储罐数量、泄漏储罐储存量及邻近罐储量、管线和罐区的总储量。

(5) 充分利用现场的消防水源，以串联供水的方式实行远距离供水，指挥员可以部署战斗力量就近使用消火栓直接供水，同时尽量减少一线人员数量，少出水枪，多出自动炮或移动炮(使用人员少的装备)控制泄漏区域。

33.6.2 疏散与警戒

(1) 在事故单位前期疏散人员情况的基础上，进一步强制滞留人员远离污染现场，在泄漏区域及扩散可能涉及范围内除救援人员外，其他人员一律强制疏散隔离到区域之外。

(2) 气防站(或特勤)指挥员要立即开展对泄漏污染区域的检测工作，根据检测的结果，在事故单位原有警戒线的位置，以泄漏浓度值为爆炸下限的20%为标准确定警戒范围。以检测结果划分重危区、轻危区、安全区，引导公司负责警戒部门扩大警戒范围，合理设置出入口，严格控制进入警戒区特别是重危区的人员、车辆、物资。

(3) 根据有关专业部门检测情况，支队随时调整进攻力量部署以及警戒位置。

33.6.3 禁绝火源

事故区域各种使用的电源、火源要全部切断，停止使用，禁止和消除警戒区内一切能引起燃烧爆炸的火焰条件。

33.6.4 个人防护

(1) 凡是在前段下风或距泄漏点最近的方向执行堵截与稀释任务的战斗人员，必须按照要求穿着重型防化服、轻便防化服，佩戴空气呼吸器，一线作战人员必须戴消防手套。

(2) 凡是在中段执行下风或距泄漏点最近的方向任务的战斗人员，佩戴空气呼吸器。

(3) 在后段执行任务的战斗人员，可由现场指挥员依据实际情况酌定。

33.6.5 消防救生小组

由气防站(或特勤)组成救护小组，担负现场救生任务，救生人员必须穿着防化服，佩戴空气呼吸器，携带救生器材进入警界区域之内，采取正确的救助方式，将遇险人员转移至安全区，对救出的人员进行登记、标志和现场简单的救治处理，并送交医疗急救部门。

33.6.6 处置论证

支(中)队组织事故单位、安环部、生产部、设备部等相关部门技术人员或专家判断事故状况，提供技术支持，制定抢险救援方案。尽可能切断泄漏源。防止进入下水道、排洪沟等限制性空间。小量泄漏：用沙土、蛭石或其他惰性材料吸收。也可以用不燃性分散剂制成的乳液刷洗，洗液稀释后放入废水系统。大量泄漏：构筑围堤或挖坑收容。用泵转移至槽车或专用收集器内，回收或运至废物处理场所处置。

33.6.7　现场水源供给

消防支(中)队制定统一供水方案，选定前、后方水源，调集高效的供水车辆和装备，采取远距离的供水方法，保证一线用水。

33.6.8　稀释降毒

(1) 启用现场单位的水喷淋等固定设施、蒸汽设施、固定炮的消防设施。

(2) 使用多功能水枪、喷雾水枪、自动移动炮等专用消防设备，以泄漏点为中心，设置水幕、蒸汽幕或铺设水幕水带，进行稀释降毒，采用雾状射流形成水幕，防止泄漏乙二醇向重要部位或危险源扩散。

33.6.9　处置程序(关阀堵漏)

(1) 生产装置或管道发生泄漏，阀门尚未破坏时，可协助技术人员或在技术人员指导下，使用喷雾水枪掩护，关闭阀门，制止泄漏。

(2) 罐体、管道、阀门、法兰泄漏，作战人员要积极配合、掩护公司专业堵漏部门实施堵漏。

33.6.10　输转倒罐

(1) 在确保现场安全的条件下，利用车载式或移动式防爆泵直接向外部罐车倒罐，防爆泵倒罐可分为现场倒罐和异地倒罐两种，作业区环境乙二醇浓度必须低于爆炸下限60%时，方可采用实施倒罐。

(2) 惰性气体置换，通过气相阀，向槽车或容器有控制地释放氮气等惰性气体，将乙二醇置换到其他容器储罐。

（3）利用压力差倒罐，利用水平落差产生的自然压力将事故罐的物料导入其他储罐容器或槽车，降低危险程度。

（4）实施倒罐作业时，管线、设备必须做到良好接地，否则决不允许实施倒罐。

33.6.11　化学中和

小量泄漏：用沙土、蛭石或其他惰性材料吸收。也可以用不燃性分散剂制成的乳液刷洗，洗液稀释后放入废水系统。大量泄漏：构筑围堤或挖坑收容。用泵转移至槽车或专用收集器内，回收或运至废物处理场所处置。

33.6.12　洗消处理

（1）在危险区和安全区交界处设立洗消站。

（2）洗消对象：轻度中毒人员、重度中毒人员在送医院治疗之前、现场的各级人员以及抢险救援器材装备。

（3）洗消方法：使用大量清水对染毒人员和车辆进行清洗、冲刷。

（4）洗消和处置用水排放必须经过公司环保部门检测，防止二次污染。

33.6.13　后续现场清理

（1）继续使用喷雾水、蒸汽或惰性气体清扫现场内事故设备、罐、管道、低洼、排水沟等处，确保不留残液。

（2）作战中队结束战斗后要立即清点本队人员是否到齐，收集整理器材装备。

（3）撤除警戒，做好现场移交，安全撤离。

33.6.14　乙二醇泄漏救援处置程序总体要求

（1）在行动开始之初，指挥员必须观察当天风向，保持与119指挥中心的沟通，所有车辆必须选择上风方向逐渐接近现场，并保持一定距离，停靠在上风方向的适当位置。一线作战使用的水源尽量使用上风方向水源。

（2）水枪阵地的设置尽量选择上风、侧上风作为进攻路线。

(3) 支(中)队指挥部的设置应在上风方向或设置在警戒区以外，并远离高空管廊。

(4) 一切行动要绝对服从命令，采取的行动要严防引发爆炸，进入危险区域的作战人员要挑选素质好、业务强的队员，如遇雷电天气，要慎重采取行动。

(5) 注意观察救援人员的身体状况，并进行健康跟踪检查。对轻微中毒人员应立即转移到空气新鲜处，对接触毒物的皮肤、面部可用肥皂水或清水冲洗，症状严重者立即送医院治疗。

(6) 乙二醇的生产、储存装置发生泄漏事故，主要由公司和事故单位负责处置，消防支(中)队负责协助、掩护。当事故单位不能采取有效措施时，救援人员应在工程技术人员的指导下配合行动，严禁盲目采取行动。

34　苯酚泄漏事故救援与处置

苯酚是常见的危险化学品之一，作为一种重要的化工原料，苯酚主要用作生产酚醛树脂、卡普隆和己二酸的原料，也用于塑料和医药工业。在生产、储存、运输、使用过程中发生泄漏，极易发生燃烧爆炸和中毒事故，造成人员伤亡和区域性污染。

34.1　苯酚危害性概述

（1）危险性类别：第6.1类，毒害品。

（2）危险性综述：本品可燃，高毒，具强腐蚀性，可致人体灼伤，对环境有严重危害，对水体和大气可造成污染。

（3）侵入途径：吸入、食入、经皮吸收。

（4）健康危害：苯酚对皮肤、黏膜有强烈的腐蚀作用，可抑制中枢神经或损害肝、肾功能。急性中毒：吸入高浓度蒸气可致头痛、头晕、乏力、视物模糊、肺水肿等。误服引起消化道灼伤，出现烧灼痛，呼出气带酚味，呕吐物或大便可带血液，有胃肠穿孔的可能，可出现休克、肺水肿、肝或肾损害，出现急性肾功能衰竭，可死于呼吸衰竭。眼接触可致灼伤。可经灼伤皮肤吸收经一定潜伏期后引起急性肾功能衰竭。慢性中毒：可引起头痛、头晕、咳嗽、食欲减退、恶心、呕吐，严重者引起蛋白尿。可致皮炎。

（5）外观与性状：白色结晶，有特殊气味。

34.2　事故特点

（1）遇明火、高热可燃。

（2）易发生燃烧，爆炸下限低，苯酚遇明火、高热极易燃烧爆炸。与氧化剂、酸类、碱类接触能发生强烈反应。

(3) 苯酚的爆炸极限为1.7%~8.6%(体积)，闪点为79℃，爆炸速度快。

(4) 毒性强，处置难度大。苯酚对外露皮肤有强烈的刺激性，吸入浓度高、量大的苯能致人死亡。发生泄漏的部位及压力等因素各不相同，处置要求高，难度大。工作现场禁止吸烟、进食和饮水。

(5) 苯酚的溶解性：可混溶于乙醇、醚、氯仿、甘油。

(6) 消防人员须佩戴防毒面具、穿全身消防服，在上风向灭火。灭火剂：水、抗溶性泡沫、干粉、二氧化碳。

34.3 急救措施

(1) 皮肤接触：立即脱去污染的衣着，用甘油、聚乙烯乙二醇或聚乙烯乙二醇和酒精混合液(7∶3)抹洗，然后用水彻底清洗。或用大量流动清水冲洗至少15min。就医。

(2) 眼睛接触：立即提起眼睑，用大量流动清水或生理盐水彻底冲洗至少15min。就医。

(3) 吸入：迅速脱离现场至空气新鲜处。保持呼吸道通畅。如呼吸困难，给输氧。如呼吸停止，立即进行人工呼吸。就医。

(4) 食入：立即给饮植物油15~30mL。催吐。就医。

34.4 接警调度

(1) 消防支(中)队119指挥中心接到苯酚泄漏报警时，重点要询问泄漏容器、地点、时间、部位、强度和范围，是否有人员伤亡和被困。

(2) 随时做好与报警单位和报警人员保持联系，充分掌握事态发展变化状况，加强与赶赴现场的责任队指挥员、支(中)队指挥员的沟通与汇报。

(3) 指挥中心接警后在调派责任队的同时立即向支(中)队值班领导汇报情况，根据支(中)队值班领导的命令调集增援力量。并向所属公司总调度汇报情况。

34.5 现场力量调集

(1) 责任中队接到指挥中心指令后，按照管辖区域迅即出动，指挥员要进一步与支队 119 指挥中心了解现场情况，同时观察当日风向，必须选择上风方向接近现场。

(2) 车辆装备的调集主要是支(中)队现有的抢险救援车、气防车、抗溶泡沫车、干粉车、水罐车为主，同时根据现场情况调集支(中)队储备的空气呼吸器、防护服、避火服，如遇有紧急情况请求总调调集各生产单位空气呼吸器送往一线。

(3) 消防支(中)队 119 指挥中心在做好力量调集的同时，迅速向公司总调度汇报情况，由公司调集生产部门、安环部门、设备部门、动力部门等相关单位到场协助处置。

34.6 现场处置

34.6.1 侦察检测

(1) 责任队到场后首先要将本队车辆置于上风或侧上风方向，指挥员要视污染现场初步情况，在小范围泄漏情况下保持本队与事故地点不小于 100m 的距离；在大范围泄漏情况下保持本队与事故地点不小于 150m 的距离。

(2) 责任队指挥员要立即向现场的岗位职工、技术人员询问了解情况，根据当日风向、风力，掌握泄漏区域苯酚的浓度和扩散的方向。

(3) 查明被困、遇险人员数量、位置，制定好营救路线，组织抢险组做好个人防护工作，深入现场抢救被困遇险人员。

(4) 掌握泄漏部位周边毗邻情况，如储罐区则要进一步了解储罐数量、泄漏储罐储存量及邻近罐储量、管线和罐区的总储量。

(5) 充分利用现场的消防水源，消防车辆要远离现场，以串联供水的方式实行远距离供水，指挥员可以部署战斗力量就近使用消火栓直接供水，同时尽量减少一线人员数量，少出水枪，以干粉灭火为主、泡沫管枪覆盖控制泄漏区域为辅。

(6) 固体泄漏处置方法：用塑料膜覆盖，减少扩散和避免雨淋。用洁净的铲子收集泄漏物。

(7) 溶液泄漏处置方法：筑堤或挖沟槽收容泄漏物，防止进入水体、下水道；用沙土或其他不然材料吸收泄漏物；用石灰石、石灰或碳酸氢钠中和泄漏物。

34.6.2 疏散与警戒

(1) 在事故单位前期疏散人员情况的基础上，进一步强制滞留人员远离污染现场，在泄漏区域及扩散可能涉及范围内除救援人员外，其他人员一律强制疏散隔离到区域之外。

(2) 气防站(或特勤)指挥员要立即开展对泄漏污染区域的检测工作，根据检测的结果，在事故单位原有警戒线的位置，以泄漏浓度值为爆炸下限的20%为标准确定警戒范围。以检测结果划分重危区、轻危区、安全区，引导公司负责警戒部门扩大警戒范围，合理设置出入口，严格控制进入警戒区特别是重危区的人员、车辆、物资。

(3) 根据有关专业部门检测情况，支(中)队随时调整进攻力量部署以及警戒位置。

34.6.3 禁绝火源

事故区域各种使用的电源、火源要全部切断，停止使用，禁止和消除警戒区内一切能引起燃烧爆炸的火焰条件。凡是进入现场人员一律不得使用移动电话，非防爆通信设备、照明设备。各级指挥员首先要对进入现场的战斗人员进行检查，所有以上所列的物品不得带入现场。

34.6.4 个人防护

(1) 凡是在前段下风或距泄漏点最近的方向执行灭火任务

的战斗人员，必须按照要求穿着重型防化服、轻便防化服、避火服，佩戴空气呼吸器，一线作战人员必须带消防手套。

（2）凡是在中、后段执行任务的战斗人员，可由现场指挥员依据实际情况酌定。

34.6.5 消防救生小组

由气防站（或特勤）组成救护小组，担负现场救生任务，救生人员必须穿着防化服，佩戴空气呼吸器，携带救生器材进入警界区域之内，采取正确的救助方式，将遇险人员转移至安全区，对救出的人员进行登记、标志和现场简单的救治处理，并送交医疗急救部门。

34.6.6 处置论证

支（中）队组织事故单位、安环部、生产部、设备部等相关部门技术人员或专家判断事故状况，提供技术支持，制定抢险救援方案。操作人员必须经过专门培训，严格遵守操作规程。建议操作人员佩戴自吸过滤式防尘口罩，戴化学安全防护眼镜，穿透气型防毒服，戴防化学品手套。远离火种、热源，工作场所严禁吸烟。使用防爆型的通风系统和设备。避免产生粉尘。避免与氧化剂、酸类、碱类接触。搬运时要轻装轻卸，防止包装及容器损坏。配备相应品种和数量的消防器材及泄漏应急处理设备。倒空的容器可能残留有害物。

34.6.7 现场水源供给

支（中）队制定统一供水方案，选定前、后方水源，调集高效的供水车辆和装备，采取远距离的供水方法，保证一线用水。

34.6.8 稀释降毒

（1）启用现场单位的水喷淋等固定设施、蒸汽设施、固定炮的消防设施。

（2）使用多功能水枪、喷雾水枪、自动移动炮等专用消防设备，以泄漏点为中心，设置水幕、蒸汽幕或铺设水幕水带，进行稀释降毒，采用雾状射流形成水幕，防止泄漏苯酸向重要部位或危险源扩散。

（3）稀释的时候不易使用直流水直接冲击。

34.6.9 处置程序(关阀堵漏)

（1）生产装置或管道发生泄漏，阀门尚未破坏时，可协助技术人员或在技术人员指导下，使用喷雾水枪掩护，关闭阀门，制止泄漏。

（2）罐体、管道、阀门、法兰泄漏，作战人员要积极配合、掩护公司专业堵漏部门实施堵漏。

34.6.10 化学中和

小量泄漏：用干石灰、苏打灰覆盖，大量泄漏：收集回收或运至废物处理场所处置。

34.6.11 洗消处理

（1）在危险区和安全区交界处设立洗消站。

（2）洗消对象：轻度中毒人员、重度中毒人员在送医院治疗之前、现场的各级人员以及抢险救援器材装备。

（3）洗消方法：化学洗消法，即使用稀盐酸等酸性物质溶于水中喷洒在染毒区域或受污染物体表面，发生化学反应，成为无毒或低毒物质。物理洗消法，即用吸附垫、活性炭等具有吸附能力的物质，吸附回收后转移处理，对染毒空气可用排烟机吹散降毒。也可对污染区暂时封闭，依靠自然条件如日晒、雨淋、通风等使毒气消失。也可喷射雾状水进行稀释降毒。

（4）洗消和处置用水排放必须经过公司环保部门检测，防止二次污染。

34.6.12 后续现场清理

（1）继续使用喷雾水、蒸汽或惰性气体清扫现场内事故设备、罐、管道、低洼、排水沟等处，确保不留残液。

（2）作战中队结束战斗后要立即清点本队人员是否到齐，收集整理器材装备。

（3）撤除警戒，做好现场移交，安全撤离。

34.6.13 苯酚泄漏救援处置程序总体要求

(1) 在行动开始之初，指挥员必须观察当天风向，保持与119指挥中心的沟通，所有车辆必须选择上风方向逐渐接近现场，并保持一定距离，停靠在上风方向的适当位置。一线作战使用的水源尽量使用上风方向水源。

(2) 水枪阵地的设置尽量选择上风、侧上风作为进攻路线。

(3) 支(中)队指挥部的设置应在上风方向或设置在警戒区以外。

(4) 一切行动要绝对服从命令，采取的行动要严防引发爆炸，进入危险区域的作战人员要挑选素质好、业务强的队员，如遇雷电天气，要慎重采取行动。

(5) 注意观察救援人员的身体状况，并进行健康跟踪检查。对轻微中毒人员应立即转移到空气新鲜处，对接触毒物的皮肤、面部可用肥皂水或清水冲洗，症状严重者立即送医院治疗。

(6) 苯酚的生产、储存装置发生泄漏事故，主要由公司和事故单位负责处置，消防支(中)队负责协助、掩护。当事故单位不能采取有效措施时，救援人员应在工程技术人员的指导下配合行动，严禁盲目采取行动。

参考文献

1 覃先锋主编. 火灾现场指挥与紧急情况处理实务全书. 哈尔滨：黑龙江人民出版社，2002

2 公安部消防局主编. 消防部队执勤业务训练指导法. 南昌：江西教育出版社，1999

3 公安部消防局主编. 消防灭火救援. 北京：中国人民公安大学出版社，2003